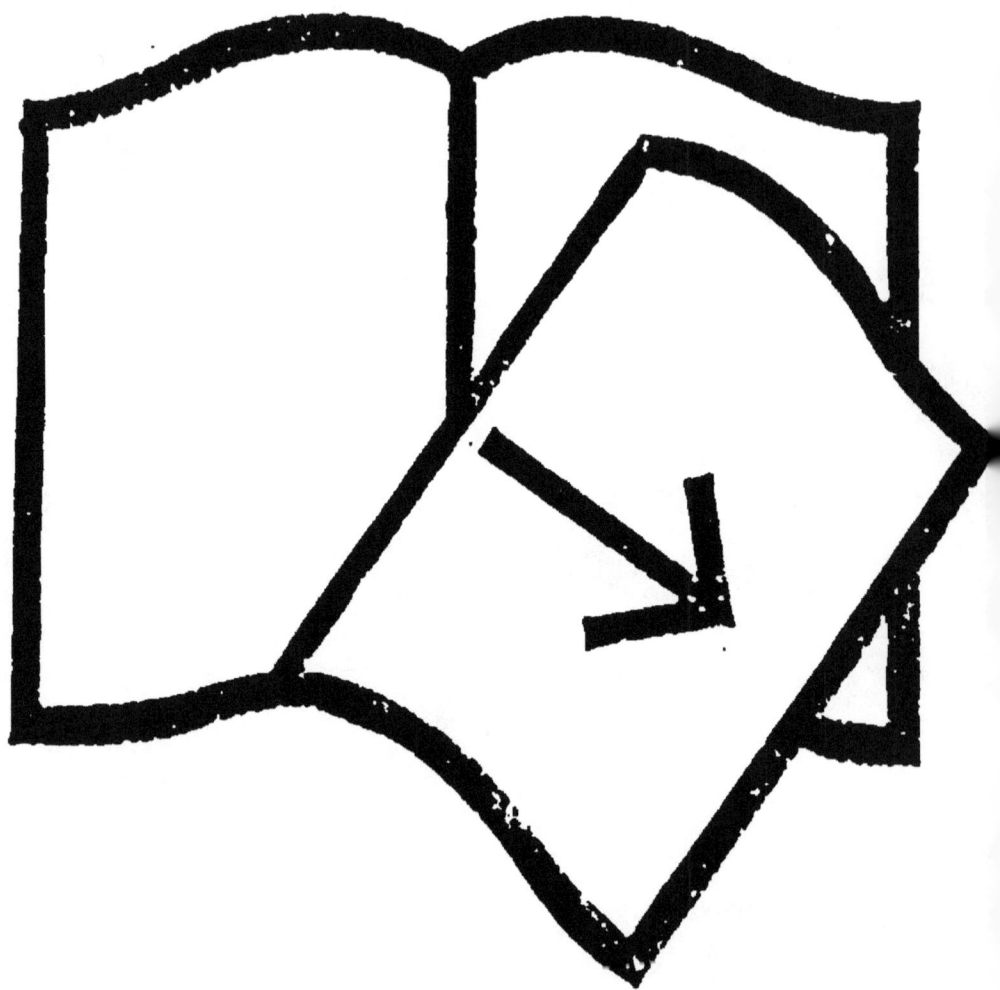

Documents manquants (pages, cahiers...)
NF Z 43-120-13

LE

BILAN SCIENTIFIQUE
DU XIX SIÈCLE

OUVRAGES

DU

Docteur FOVEAU DE COURMELLES

Électricité :

Précis d'Électricité médicale, 250 p. in-16 ill., Paris, Barcelone, 1893; Moscou, 1894. 2ᵉ édition, 500 p., *épuisé*.
L'Électricité médicale au XIXᵉ siècle, 32 p. in-12, Paris.
L'Électricité curative, 400 p. in-12 ill., Paris, 4 fr.
Traité de Radiographie (Premier enseignement des rayons X, cours libre à la Faculté de Médecine de Paris), 500 p. gr. in-8 ill., Paris 1897, 2ᵉ éd., 1905, 10 fr.
Électricité médicale, 32 p. in-8 ill., *épuisé*.
L'Ozonoscopie, 20 p. in-8, *épuisé*.
Bi-Électrolyse et Pyrogalvanie, 30 p. in-8, *épuisé*.
L'Électricité et ses applications, 200 p. in-16 ill., 1 fr. 50.
Formulaire électrothérapique, 230 p. in-16, Paris, 3 fr. 30.
Les Rayons X en pathologie infantile, 32 p. in-8 ill.
L'Électroscopie, 30 p. in-8, *épuisé*.
Osmose et Bi-Électrolyse, 20 p. in-8 ill., 1 fr.
La Lumière électrique en thérapeutique, 20 p. in-8.
Lupus et Photothérapie (Extrait du Bulletin de l'Académie de Médecine de Belgique), 15 p. in-8 ill., Bruxelles, 1900.
L'Année électrique, 7 vol., 850 p. in-16, 1900 à 1906, 3 fr. 50.
Photothérapie, 40 p. in-8 ill., Paris, 1 fr.
Électrothérapie dentaire (Cours à l'École dentaire de Paris), 1 vol. 300 p. in-12 ill., 4 fr.
Les Applications médicales du Radium, 130 p. in-16 ill., 1 fr. 25.

Œuvres diverses :

La Peur, la Pauvreté, broch., Paris, 1886.
La Vaginite et son traitement, 104 p. in-8, Paris, 1888.
Le Magnétisme devant la Loi, 40 p. in-8, Paris, 1889.
Les Facultés mentales des animaux, 352 p. in-12, Paris, 1890.
L'Hypnotisme, 330 p. in-12 ill., Paris, 1890; Londres et New-York, 1891, *épuisé*.
L'Esprit et l'Âme des Plantes, 30 p. in-8, Amiens, 1893.
L'Hygiène à table, 200 p. in-12, 2 fr.
L'Esprit scientifique contemporain, 410 p. in-12, 3 fr. 50.
Une Langue internationale : « l'Espéranto », 30 p. in-8, *épuisé*.
Comment on se défend de la Neurasthénie, de la Folie, de l'Alcoolisme, des Glandes, 4 br., 60 p., 1 fr.
Hygiène et maladies de l'Enfance, 200 p. in-16 ill., 2 fr.
Goutteux et Rhumatisants, 200 p. in-16 ill., 2 fr.
Le Bilan scientifique du XIXᵉ siècle, 220 p., 1 fr. 50.

LE
BILAN SCIENTIFIQUE
DU XIXᴱ SIÈCLE

PAR LE

Docteur FOVEAU DE COURMELLES

MÉDECIN-ÉLECTRICIEN, LAURÉAT DE L'ACADÉMIE DE MÉDECINE
PROFESSEUR LIBRE D'ÉLECTROTHÉRAPIE ET DE RADIOGRAPHIE
LICENCIÉ ÈS SCIENCES PHYSIQUES, ÈS SCIENCES NATURELLES ET EN DROIT
PRÉSIDENT DE LA SOCIÉTÉ INTERNATIONALE DE MÉDECINE PHYSIQUE
VICE-PRÉSIDENT DE LA SOCIÉTÉ FRANÇAISE D'HYGIÈNE
ET DE LA SOCIÉTÉ MÉDICALE DES PRATICIENS
MEMBRE DES COMITÉS D'ORGANISATION
DES EXPOSITIONS INTERNATIONALES DE PARIS (1900)
ET LIÉGE (1905), ETC.

PARIS
A. MALOINE, ÉDITEUR
25-27, RUE DE L'ÉCOLE-DE-MÉDECINE, 25-27
—
1907

Préface

Nous avons voulu exposer le Bilan scientifique du XIX* siècle *en peu de pages et sous un petit volume. Nous croyons avoir réussi à faire une sorte de compendium utile ; complet, que non pas ! Nous sommes même effrayé de la lourde tâche que nous avons entreprise, et c'est même après avoir terminé le volume et l'introduction que nous avons éprouvé le désir de nous excuser de l'avoir tenté et réalisé si incomplètement.* Bien que dans un livre très antérieur, L'Esprit scientifique contemporain (1899), *nous ayons recherché les influences philosophiques, économiques et sociales de la science en dehors de son domaine propre, et là, déclaré que les personnalités si importantes soient-elles, n'ont qu'une importance relative, nous éprouvons quelque remords d'avoir peut-être trop mis notre principe à exécution. Ce n'est pas sciemment, il est vrai ; malgré un labeur de bénédictin, essayer de faire tenir, pour avoir quelque chance d'être lu, un labeur si énorme, en deux cents pages, était vraiment difficultueux ; il date même de quelques années, alors que plus jeune, nous avions — suggestionné d'ailleurs par un éditeur mort depuis — les folles audaces de la jeunesse ! Que de noms, il eut fallu citer et qui sont là, malgré nous, nous insistons sur ce point, oubliés et qui nous apparaissent maintenant, aussi adressons-nous nos très*

humbles excuses aux intéressés, surtout si, comme
nous l'espérons, il s'en trouve parmi nos lecteurs!

L'idée première de ce livre n'est en effet pas de
nous, elle remonte à dix ans et fut suggérée, à son
tour et bien antérieurement, à l'éditeur qui nous en
demanda la réalisation et ne l'édita point pour cause
de mort, par des lectures de conférences faites à
Cologne par le savant allemand du Bois Reymond,
conférences que la Revue scientifique publia en son
temps. Nous nous en sommes inspirés en principe
tout au moins, car il y avait bien là quelques idées
philosophiques analogues à cet Esprit scientifique
contemporain paru avant que nous en ayons connais-
sance ; mais il fallait inventorier ensuite cet essor de
l'esprit humain, essor gigantesque qui mit au point
les travaux de tant de siècles, en produisit à lui seul
presque autant que ses précurseurs et changea toutes
les conditions de l'existence contemporaine.

Mais, aussi, quel labeur, quelle fièvre, quelle hâte
de produire ? Tout restera-t-il de ce travail immense ?
Là encore était une difficulté dans l'œuvre à inven-
torier ! Le radium en les premières années du
XXe siècle ne paraissait-il pas remettre en question
les principes de l'énergie sur lesquels reposent la
mécanique et la physique, principes si difficilement
acquis et si péniblement admis au XIXe siècle, à qui
ils donnaient une science nouvelle. Notre tâche
n'étant pas de discuter, il nous fallait choisir ce qui
était sans conteste, ce qui même nous paraissait,
sinon plus sensationnel, tout au moins de portée plus
grande au seuil du XXe siècle : la locomotion par les
routes et par l'air, l'automobilisme et l'aérostation
dirigeable. Ces deux chapitres, quoique très courts,
trop courts, nous seront sans doute reprochés comme
disproportionnés par rapport à l'ensemble si rapide,
si bref ; mais ils ont été voulus tels, car à tort ou à
raison — l'avenir précisera — ils nous apparaissent
comme d'importance capitale. L'automobile et le
ballon dirigeable triomphent des éléments en suppri-
mant l'espace et la distance. Si la paix universelle

*devient jamais possible, ce sera aux miracles de
destruction que d'abord ces engins permettront
d'accomplir et qui, effrayants, feront renoncer aux
luttes sanglantes !*

*La raison vaincra dès lors la haine inutile et
impuissante, et la lutte qui est d'essence vitale, chan-
gera de forme, elle sera pacifique et scientifique,
l'homme devenant meilleur, parce que plus instruit
et plus éclairé. A l'heure actuelle, nous traversons
une sorte de crise, il y a conflit entre les savants,
les demi-savants, les ignorants ; mais tout se mettra
au point, et si notre effort, pour si incomplet qu'il
soit, peut montrer l'immensité du labeur accompli
par tout un siècle, la nécessité du concours de tant
d'hommes éminents, talentueux et géniaux, il y a là,
à recueillir pour tous une leçon de modestie. Et qui
dit modestie en l'occurrence dit conscience de l'effort
à accomplir sans mépriser le travail du voisin, au
contraire, effort même nécessaire au succès du sien !
De là à aimer le prochain, à s'unir à lui pour faire
avancer le char du progrès plus loin et plus haut, il
n'y a qu'un pas. Et la fraternité universelle peut
naître ainsi ! Le XIXᵉ siècle est mort sur cette espé-
rance, puisse-t-elle se réaliser dans l'avenir le plus
prochain !*

Dr FOVEAU DE COURMELLES.

Paris, le 2 novembre 1906.

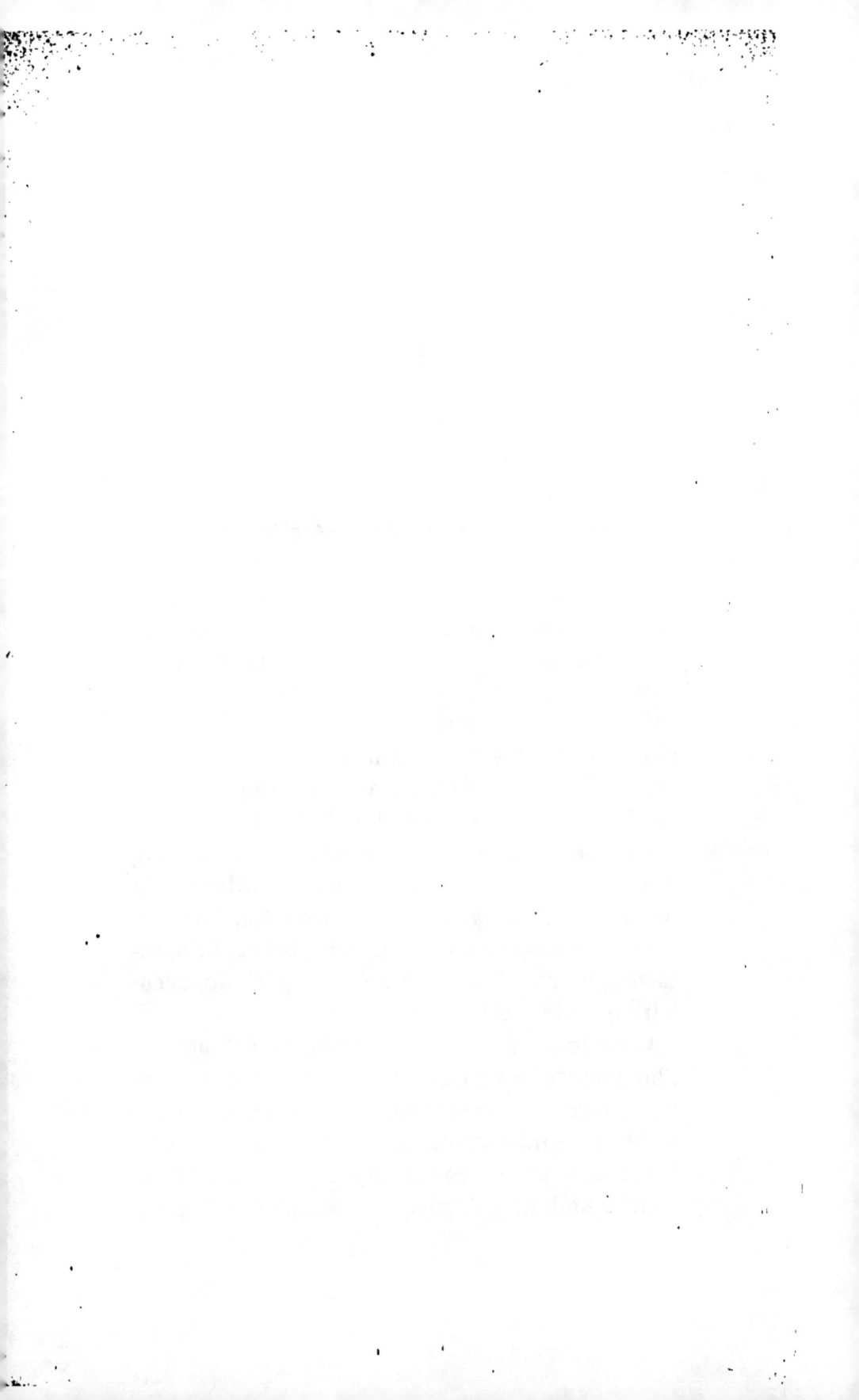

INTRODUCTION

Le bilan scientifique du XIXe siècle !

Quel vaste tableau du labeur humain à dérouler sous les yeux du lecteur ! Quelles conquêtes admirables de la science à contempler ! Que de merveilles produites ! Que de progrès réalisés ! Que de bien-être vulgarisé, socialisé, démocratisé ! Il n'est pas jusqu'au plus humble, jusqu'au plus barbare des êtres qui n'ait bénéficié quelque peu de la lumière éblouissante, répandue au loin par le soleil resplendissant de la science.

La science, conquérant la matière et l'esprit, domptant la nature, apprivoisant et utilisant la foudre, ne connaissant plus d'obstacles, franchissant les montagnes et les océans, tel est le spectacle que nous fait contempler la période séculaire qui vient de s'achever !

C'est le sol aux flancs féconds, qui fournit à l'homme, presque devenu simple spectateur, sa nourriture riche et substantielle ! La Terre devient la Mère, l'infatigable nourricière, où de merveilleuses machines pénètrent, retournant la couche arable, y déposant la semence des puissantes et futures moissons. C'est la vapeur et l'électricité venant recueillir le froment du pain blanc que mangent également le pauvre et le riche. Combien loin nous sommes du pain noir d'avoine, de seigle ou d'orge qu'était réduit à manger son producteur il y a moins d'un demi-siècle !

Quelle différence entre la hutte, presque tro-glodytique, de ce paysan à la fin du xviiiᵉ siècle, peu ou point aérée, ni éclairée, sordide, et l'ha-bitation actuelle avec ses portes, ses fenêtres, ses fleurs, ses meubles confortables ! Quel contraste avec son labeur même le plus pénible, en les régions les moins favorisées, avec la lourde tâche à accomplir d'antan ! Quelles espérances pour l'avenir, pour une besogne moins lourde encore, lui permettent de concevoir les progrès modernes !

L'ouvrier des villes n'a pas moins profité des conquêtes de la science. Il lui manque la nature, il a les merveilles, les splendeurs, et aussi les misères de plus en plus atténuées, des agglomé-rations laborieuses, enfantant de son intelligent labeur, et leur donnant une forme et un corps, les géniales conceptions des savants et des artis-tes. Il a la primeur de ces merveilleuses concep-tions cérébrales, il y collabore, avec la con-science de sa force et de son intelligence !

Et après ces déshérités si peu comparables aux êtres dont parle La Bruyère qui se nourrissaient d'herbes et n'avaient figure humaine, de ces déshé-rités si dissemblables aux ancêtres du taudis de la ville et des champs, qui ont leur part de plus

en plus agrandie au confort civilisateur et mora-
lisateur, que dire des privilégiés? Comment
peindre les joies morales et les satisfactions intimes du médecin heureux d'arracher de plus en
plus ses malades à la mort, de prolonger par
l'hygiène la durée de l'existence humaine, et
d'alléger les souffrances des incurables? Comment
exquisser l'existence si remplie du mathématicien
dont les abstraites conceptions créeront un nouveau moyen de locomotion, reliant entre eux
plus rapidement les hommes, des ponts inébran-
lables au-dessus d'infranchissables abîmes, ou
édifieront dans l'espace des tours, fortifications
avancées de la terre dans le domaine cosmique?
Comment raconter l'enfantine, naïve et combien
grande satisfaction du physicien qui, domptant
les éléments en sa cornue, en son laboratoire,
apprendra aux humains à se lancer en l'espace,
conquérants aériens du ciel, sans dangers et sans
heurts? Peut-on dire le contentement du chimiste
qui accomplit en son creuset des mariages réputés
impossibles ou effectue des divorces qui révéle-
ront des substances nouvelles domptant la nature,
séparant violemment les rochers, pour faire la
place libre à l'homme...

Et vient alors l'industriel qui fait en grand ce
que ces savants ont fait en petit. C'est lui le roi
de l'époque, lui qui domine le monde par les
conquêtes scientifiques qui profitent à tout et à
tous !

Oh ! la grande épopée de la science du
XIXᵉ siècle, la grande civilisatrice qui, par la
vapeur, les chemins de fer, l'électricité ont rap-

proché les peuples les plus divers. L'étrange et
tourmentée période de gestation, d'enfantement
et de naissance qui a les affres, les angoisses, le
pessimisme, les croyances agitées de ses nais-
sances et de ses productions ! Que de contrastes
frappants, d'antithèses tangibles entre les diverses
branches des connaissances humaines à son début
et à son déclin ! Que de situations changées, que
de bouleversements dans les gens et les choses !
Que d'ébranlements morbides et que de conquêtes fulgurantes ! Époque séculaire qui débute
au soleil levant de la science et de la gloire, qui
voit naître l'électricité et la vapeur, qui s'éteint
sur la levée rayonnante de la nature vaincue, de
l'homme transporté à travers le monde avec une
rapidité de plus en plus vertigineuse, de sa parole
et de sa pensée qui vont plus vite encore, d'une
instruction générale et sans cesse grandissante,
qui voit le vol de l'oiseau près de devenir sa
conquête et qui, après avoir conquis la terre, va
conquérir les éléments, le ciel, les astres. Pour
ses instruments, la distance a disparu, la pensée
humaine fouille les mondes, voit l'invisible,
perçoit à travers les corps opaques, et bientôt,
avec l'esprit qui l'anime, la matière suivra le
songe, le rêve ou la réalité dans l'espace infini et
insondable !

⁎

Le *Bilan scientifique du XIXᵉ siècle* ! Quel
inventaire énorme à dresser ! Comment distinguer
le passif ou mieux l'héritage déjà considérable des
siècles antérieurs et notamment du XVIIIᵉ siècle,

de l'actif, c'est-à-dire de ses acquisitions propres,
plus considérables encore? Ou encore faut-il simplement, comme il s'est assimilé, a transformé
tout ce qui lui revenait du passé, dresser simplement l'état actuel des connaissances humaines,
ce qui serait plus simple infiniment? Ouvrirons-
nous, comme on le fait en comptabilité, notre titre
étant emprunté au style commercial, un compte
à échéance des personnes ayant traité des affaires
plus ou moins importantes avec le siècle, autrement dit, citerons-nous *tous* les inventeurs,
les remueurs d'idées, chaque progrès accompli?
Que non pas! Quels énormes volumes déjà
dressés, d'ailleurs, et qui n'y suffisent pas! Non,
ce sera ici un aperçu rapide, fidèle, où le compte
Divers figurera souvent, indiquant un ensemble
de progrès et d'inventeurs, en bloc, mais suffisant
pour l'aspect général, l'inventaire de la situation.
D'autre part, certains grands noms actuels ne
figureront pas en ces pages, soit parce que leur
œuvre, quoique indiscutée à l'heure présente, est
cependant très discutable, soit encore parce que
l'œuvre n'est que la mise au point de travaux
antérieurs.

On croit communément que rien n'est plus
facile que la genèse d'une découverte et l'on
proclame facilement le dernier arrivé dans la
voie scientifique comme l'auteur exclusif de
toutes les novations faites avant lui et que souvent il n'a fait que mettre au point! De grands
noms émergent qui ne durent cependant pas,
soit que la découverte annoncée ne donne pas
les résultats attendus, soit parce que détruite par

une meilleure. Le progrès est comme la nature, il ne fait pas de saut, il va lentement et sûrement. Et telle découverte, qui nous paraît éblouissante et momentanée, n'est que le résultat réel de longs et patients efforts de milliers de chercheurs! Que d'obscurs labeurs et d'inconnus résultats avant le succès! Et parmi les humbles travailleurs qui se sont formés et élevés eux-mêmes, que de grands noms que la postérité a gardés, oubliant maints savants officiels! Au milieu de ces luttes, souvent sans gloire et sans apparents résultats, alors que la moisson laborieusement préparée est prête, que la riche et fructueuse récolte est là, se trouve; à point nommé, un heureux: c'est un ouvrier de la dernière heure, un plagiaire parfois, ou un maître signant pour son élève ou moins encore et que la foule acclame; il peut aider, d'ailleurs, à son succès souvent plus par le bruit fait autour de lui que par son mérite propre, il décroche la palme du triomphe et la garde parfois, alors qu'en d'autres cas, la postérité le dépouille légitimement!...

Comment se reconnaître en ce dédale, et l'histoire en général et celle des sciences en particulier comportent des difficultés inouïes pour la recherche de la vérité. Faut-il risquer de commettre des injustices involontaires? Et ne vaut-il pas mieux s'extasier, avec preuves à l'appui, devant les succès de tous ordres conquis par le savoir humain, que de chercher à citer les novateurs eux-mêmes? L'*homme*, même génial, compte-t-il tant que cela en un siècle! S'il est lui-même, ce qui est rare, ne l'est-il pas, comme la résultante de son époque, comme le produit combiné de tous les efforts faits autour de lui, qu'il voit, dont il profite, auquel il joint les idées ainsi éveillées en son cerveau !...

Le génie, a dit Buffon, ne serait qu'une longue patience ; pour nous, qui voulons ajouter le travail, l'action à cette patience, nous disons qu'il est une continuité d'actes ! C'est non pas dire que le génie est inutile, il fait faire, sinon un saut, du moins une sorte de bond à l'esprit humain, mais que souvent il ne pouvait pas ne pas se produire à une époque déterminée — combien le xixᵉ siècle en a-t-il vu naître ? — et que, d'autre part, si par impossible il ne s'était pas montré ou imposé, il eût été remplacé par d'autres travailleurs qui se seraient mis plusieurs, à leur insu même, pour accomplir le même progrès.

Il n'est pas jusqu'à la religion disséquée, analysée, supprimée ou rétablie au nom de la science, de là les noms qui s'en réclament et caractérisent l'infirmation ou l'affirmation : de *matérialisme scientifique* ou de *spiritualisme scientifique*.

Ces considérations qui démontrent la valeur, la puissance de l'homme en général, prouvent également combien l'individu isolé est seul, sans puissance et sans portée ; il est la résultante parfois géniale de son époque, mais simple résultante quand même de l'ambiance générale. Cela explique pourquoi le *Bilan scientifique du* xixᵉ *siècle* sera un livre relativement pauvre — relativement seulement — en noms cités, et cependant il y en aura beaucoup, car si, malgré l'impartialité de l'auteur, il se glisse des inexactitudes, consacrées

d'ailleurs par la renommée, ces noms et les dates
correspondantes indiqueront tout au moins le
moment de la consécration de la découverte par
les académies ou le grand public. L'ouvrage
veut se borner surtout — puisse-t-il y réussir —
à n'être qu'un inventaire exact, sommaire, précis
des grandes lignes du savoir humain !

PREMIÈRE PARTIE

LES SCIENCES D'OBSERVATION

CHAPITRE Ier

De la science théorique. — L'esprit scientifique païen. —
Influence du christianisme. — Définition de la science
et le désintéressement du savant. — Evolution de la
théorie vers la pratique.

Le *Bilan scientifique du XIXe siècle* porte sur
deux ensembles bien distincts caractérisant en
quelque sorte deux genres d'esprit, deux formes
de l'activité humaine, et portant l'un sur l'examen de la nature, l'autre sur son utilisation.
Rien n'a été plus difficile à l'homme que d'apprendre à voir, d'apprendre à lire dans le grand
livre de la nature, de la matière animée ou inanimée qui l'entoure. Ses idées furent d'abord
vagues et irréfléchies, et dans les troubles atmosphériques ou souterrains qui l'entouraient,
l'homme ne songea pas à chercher une cause,
mais à voir des forces inconscientes ou con-
scientes, des dieux à implorer et à supplier ! Il
se sentit impuissant devant les cataclysmes, et
selon la fréquence ou la nature de ceux-ci eut
des divinités sombres ou propices, terrifiantes

ou aimables. Les climats eurent en quelque
sorte leurs dieux à leur image, et l'harmonie des
formes religieuses avec les aspects de la nature
est soutenue par Buckle et Lecky. Cependant,
en l'Hindoustan, entre l'Himalaya et la mer
Méridionale, existent des régions calmes, tran-
quilles, non bouleversées et où cependant la
religion est effrayante.

Les Egyptiens ont les premiers, semble-t-il —
car pour les Chinois, peuple si longtemps fermé,
on ne peut que s'en rapporter à leurs affirmations,
et pour vraies qu'elles puissent être, il serait
bon d'en avoir d'autres preuves ! — examiné la
nature, les Grecs s'en sont inspirés et l'anthropo-
morphisme est né ; Thalès, Aristote et Pythagore
paraissent posséder la notion de causalité qui
est tout en science et on aurait pu croire que
l'assujettissement méthodique de la nature allait
alors désormais se faire sans paix et sans trêve !
Il n'en fut rien ; ce fut l'art, le culte des formes,
qui naquit et se développa. C'est une période
esthétique. On raisonne, on discute, on sème
les fleurs de rhétorique et de la pensée, mais la
nature est méconnue et dédaignée. L'hygiène et
l'architecture existent et nous n'aurons que peu
à en parler pour le XIX⁰ siècle, sinon à en noter
les moyens mécaniques nouveaux, qui n'y sont
d'ailleurs pas spéciaux, et à en enregistrer avec
plaisir le retour, surtout de l'hygiène, pour le
plus grand bien des masses, des humbles ou des
riches. La critique raisonnée qui mène aux
sciences d'observation, l'imagination créatrice et
ingénieuse qui mène à l'invention, à l'utilisation

de la nature, n'existaient pas. Il leur faudra des siècles pour apparaître et se développer. Les noms des pionniers sont innombrables et ce *bilan* s'en préoccupera moins que des faits, c'est-à-dire des acquisitions réelles. Les Romains suivent et copient servilement les Grecs. Pline sera plus nébuleux et moins observateur qu'Aristote.

La nature mal observée ne révéla pas ses phénomènes, ni les moyens de les asservir ou utiliser. Les Romains impuissants contre l'inconnu — et tout ou à peu près leur était inconnu — furent envahis par les barbares, et vaincus, et transformés. Liebig a affirmé qu'il en devait être ainsi, les riches moissons ne pouvant plus alors se produire en un sol appauvri et que faute d'engrais chimiques il fallait que s'appliquât en quelque sorte et fatalement la théorie des assolements, du repos prolongé du sol pour des récoltes futures ; de là une misère momentanée, une barbarie forcée. Cette théorie très ingénieuse est repoussée par M. du Bois-Reymond en ses conférences de Cologne (1878).

*
* *

Enfin, le christianisme triomphe et momentanément sera plus néfaste que jamais à la science. Son « royaume n'est pas de ce monde » et ce dernier ne mérite pas qu'on s'en occupe. Tous les yeux vont être tournés vers l'Au-delà. Plus d'hygiène, plus d'art ! Cependant, le culte a besoin de monuments, il s'inspirera des païens et les premiers édifices n'auront pas ces flèches, ces dentelures des cathédrales, mais les colonnades et les portiques des temples.

La science est réprouvée, ses adeptes, si hauts soient-ils, même sur le trône papal, n'ont qu'à se bien tenir, on les brûle facilement comme sorciers ! Aristote règne en maître, c'est la scolastique. Cependant les anciens sont peu à peu étudiés, renouvelés, et l'esprit humain *renaît*.

On croit à un Dieu, à un seul Dieu, donc à une vérité unique, cause de tout. C'est le monothéisme, qu'il émane du Christ, de Mahomet, de Luther. Mais les Arabes nous ont devancés, l'arithmétique, avec leurs chiffres existe, les mathématiques qui n'existaient que par la forme descriptive et encore, en l'astronomie vont avoir des bases.

L'art de construire reparaît, spécial, approprié aux climats. Et les entraves de la théologie scolastique enfin brisées, le contact des Maures en Europe et des chrétiens y ayant aidé, l'esprit scientifique apparaît d'abord bien humble, hésitant, manquant du fil d'Ariane qui le doit conduire à travers les ténébreux méandres de l'observation naturelle... mais il existe ! Et Dubois-Reymond de dire : « Bien que cela sonne comme un paradoxe, la science moderne doit son origine au christianisme. »

On a appris à mourir pour un seul Dieu, pour une idée ; on peut mourir pour la vérité, pour sa recherche, pour la science, et l'époque actuelle est née. Et Michel Servet, brûlé par Calvin pour avoir découvert la circulation du sang, le prouva bien. Mais c'est le XIX° siècle qui verra l'apogée de la science triomphante.

.

Mais encore, qu'est la science ? Ne la faut-il point définir pour en noter les acquisitions ? Chemin faisant, en une course ultra-rapide à travers les siècles qui n'ont nullement commencé à l'âge d'or, mais à l'âge de pierre où l'homme nu, informe, débile, que vient de nous révéler l'observation des terrains ou géologie, nous avons vu combien lent à acquérir fut ce qui caractérise avant tout le XIX° siècle, la conquête de l'*Esprit scientifique* (1). Ce ne fut que peu à peu que l'homme songea à une vérité accessible, à une vérité ambiante qu'il n'avait que la peine de regarder, de comprendre, de saisir.

Mais il le fallait dégagé de trop grandes préoccupations matérielles ou d'idées étroites l'enchaînant intellectuellement et le rivant au Destin ou à la Providence. Il devait se sentir volontaire et libre. Ces conquêtes de l'esprit sur la matière, sur les religions ne se sont faites qu'avec une lenteur quasi désespérante.

Mais qu'importe le temps à l'humanité qui se renouvelle sans cesse, qui n'arrache la vérité, la science enfin, que par fragments, qui ne profite que bien peu de l'expérience de ses devanciers...

Observer et voir sont certainement — puisque tout est là et que ce fut si long à obtenir — deux

_____

(1) D° Foveau de Courmelles. *L'Esprit scientifique contemporain*, 110 pages in-12, 1899. Fasquelle, éd.

problèmes difficiles à résoudre, puisque la suite
des siècles l'obtint à si grand'peine.

Ces conquêtes, pour peu importantes qu'elles
apparaissent aux esprits superficiels, valaient
donc la peine que nous nous arrêtions pour en
montrer l'importance ; aussi bien, vont-elles
nous servir à esquisser et justifier la première
partie de notre *Bilan : les sciences d'observation*,
les mathématiques, la physique, la zoologie, la
botanique, la géologie, la biologie... enfin des
ensembles de faits qu'à part l'ardent désir de
vérité, curiosité bien placée, on ne voit pas à
priori être d'une bien grande utilité à connaître !
En effet, quand un nouveau phénomène est
découvert, en maints esprits pratiques, pour qui
l'utilisation seule compte, surgit de suite la question : « A quoi cela servira-t-il ? » Nous dévelop-
perons cette idée, en la seconde partie de ce
Bilan : les grandes inventions, tout en démontrant que le plus souvent le culte de la vérité a
plus rapporté et surtout d'une façon infiniment
plus durable à ses adorateurs et surtout aux
autres que le seul désir de l'Utile ! Du christianisme est certainement resté ce désir de la
vérité, pour la vérité elle-même ! Au lieu d'attendre des récompenses futures, le chercheur
puise son bonheur en l'âpre contentement de
savoir, c'est sa caractéristique. Pour une étincelle de l'absolu, un éclair en l'insoupçonné, le
savant devient, a la tendance à devenir un mar-
tyr. C'est là sa force et sa destination. Pour lui,
Dieu, c'est la vérité ; pour elle, il sacrifiera tout,
santé, existence, fortune. Voilà le vrai savant tel

qu'en démontra et créa le XIX⁰ siècle, le savant
désintéressé et modeste, non avide de gloire ou
d'argent.

*
* *

Mais les temps sont changés et en notre seconde partie nous verrons que le désir de l'utile,
du gain, de la notoriété nous envahit. Cependant, les arts utiles sont venus avant la
science, il fallait, nous l'avons dit, que les besoins matériels fussent moins pressants pour que
l'homme eût le loisir et le désir de produire ;
d'autre part, l'industrie qui utilise la science
incite souvent celle-ci ou maints empiriques à lui
donner des progrès que ses nécessités réclament. « Il semble, disait M. Maurice Lévy, de
l'Institut, à la séance publique annuelle de l'Académie des sciences de 1900, que la science,
comme les anciens prophètes, ait eu besoin de
passer des siècles dans la contemplation du ciel,
loin des hommes, avant de pouvoir leur apporter
la vérité. Il en sera toujours ainsi. Toujours,
avant de devenir utile, la science désirera aller
communier sur les hauteurs, là où s'assemblent
les nuages, même où jaillit aussi l'éclair. Et voilà
pourquoi ce n'est qu'à la fin du XVIII⁰ siècle que
la mécanique pouvait être et a été définitivement
constituée et que c'est nous qui, par une extraordinaire faveur, avons les premiers pu en profiter.
La chimie venait, de même, d'être constituée par
Lavoisier. La physique était encore dans les
limbes, où elle attendait le sauveur qui la rachè-
terait du péché de n'avoir pas encore répudié les

six fluides impondérables : fluide calorifique, fluide lumineux, deux fluides électriques et deux fluides magnétiques. » Mais il me semble être, là, oublié, l'ensemble des faits observés pour se retrancher derrière les erreurs de mots. Marat avait déjà noté et prouvé qu'il n'existait qu'un seul fluide électrique, avec des masses différentes, et il faut toujours déplorer l'erreur collective, comme l'erreur individuelle, qui porte à méconnaître et nier les travaux du passé, alors simplement que les mots, les appellations, les noms seuls n'en existaient pas !

On descendra désormais du ciel newtonien, du légendaire distrait Ampère, aux réalités du xx° siècle. La vérité n'est plus simplement aimée pour elle-même, il lui faut l'agrément, le piment de l'utilité. Mais n'anticipons pas et attardons-nous quelque peu sur le terrain aimable, désintéressé de la science pour la science que constitue l'observation de la nature ou les pures spéculations de l'abstraction et de l'entendement.

Les sciences naissent d'ailleurs — et peu souvent de la communion de l'esprit avec l'idéal et l'abstrait — de leurs applications ; elles ont le raisonnement qui coordonne les données empiriques. La géométrie est née de l'arpentage ; l'astronomie, de la géographie et de la navigation, et surtout de la contemplation du ciel par les bergers chaldéens occupant ainsi leurs longues stations en la nuit radieuse et étoilée : « Il n'est personne qui, — disait Littré, en *la Science au point de vue philosophique*, — étudiant l'his-

toire, n'ait remarqué que partout les arts utiles
ont précédé les sciences. On a employé la chaleur à toutes sortes d'usages avant d'avoir aucune théorie sur cet agent; la métallurgie et la
teinture ont fourni d'abondants produits avant
que les notions chimiques qui en sont le fonde-
ment fussent seulement soupçonnées. Puis, la
science abstraite faisant des progrès, les rôles se
renversent, et les arts, qui d'abord avaient pro-
curé matière et pour ainsi dire prétexte aux
sciences, en deviennent les débiteurs, recevant
d'elles leurs plus utiles perfectionnements...»

Mais que de luttes pour les faire adopter !
L'histoire, même actuelle, contemporaine, des
inventeurs, reste souvent sinistre ; ils lèsent des
intérêts et c'est à qui les écrasera ou les volera ;
malheur à eux s'ils ne sont pas doués d'une énergie peu commune ! En revanche, l'étude spécu-
lative de la nature et des faits, à la notion de
gloire ou de notoriété près, n'ayant pas d'intérêt
immédiat, est infiniment plus honorée que l'invention qui bouleverse et améliore les mondes !

CHAPITRE II

LA MATHÉMATIQUE

L'esprit mathématique. — Géométrie descriptive.
L'abstraction. — Evolution mathématique.

Les sciences mathématiques pour lesquelles le pluriel a paru la règle jusque vers la fin du XIXe siècle, prennent aujourd'hui le singulier et l'on dit : *La Mathématique* (Laisant).

C'est qu'en effet, il y a, dans ces conceptions exactes de l'esprit humain, un tout, un ensemble régi par les mêmes principes, dérivés, comme le voulait Descartes, d'axiomes, de vérités perçues par les sens et formant une unité complexe. Descartes, mathématicien, physicien et philosophe, n'a-t-il pas dit que tout ce qui existait dans l'intelligence n'y était entré que par les sens ? Il conviendrait donc, en quelque sorte, d'étudier ceux-ci et le cerveau, de révéler d'abord nos moyens d'acquérir la connaissance avant de dévoiler celle-ci, mais c'est se conformer à une habitude consacrée, que de commencer les sciences par la mathématique ! Qu'il y a loin de ces axiomes : *Le tout est plus grand que sa partie, la ligne droite est le plus court chemin d'un point à un autre...* révélés à l'esprit par les sens, aux conquêtes du XIXe siècle !

La Révolution continua, mathématiquement, les traditions de Descartes, de Newton, de Fermat, de Clairaut, d'Euler, de d'Alembert, de Condorcet, avec Lagrange qui finit le XVIIIᵉ siècle et commença le suivant. Lagrange, un descendant collatéral de Descartes, trouva les librations de la lune, la solution de l'équation indéterminée du second degré à deux variables et des équations numériques : sa *Mécanique Analytique*, très élégamment écrite, déterminait les conditions d'équilibre d'un système matériel ; sa théorie des fonctions analytiques, ses leçons à l'Ecole polytechnique sur le calcul des fonctions.

Après lui, la géométrie, depuis longtemps stationnaire, transformée avec Descartes et Fermat, entrée avec Pascal et Desargues et les sections coniques en son évolution moderne, va progresser de nouveau. L'abstraction et la généralité, dit M. Jacques Boyer, en son *Histoire des Mathématiques*, caractérisaient l'esprit de cette phase de son renouvellement. Monge et Carnot en établissent définitivement les assises, au début du XIXᵉ siècle, sur des méthodes aussi générales que fécondes. Cette continuation de l'analyse géométrique des anciens, tout en ayant le même objectif, différait notablement à cause de l'uniformité de ses conceptions. Ses principes applicables à tous les cas remplaçaient avantageusement les problèmes particuliers et sans liaison entre eux, qui formaient uniquement la science antique... »

Ces transitions, ces principes qui lient et coordonnent la mathématique, sont un résultat pal-

pable de l'esprit des temps, l'*esprit scientifique*
qui veut tout savoir, tout régler, tout enchaîner,
tout relier ensemble. Toutes les autres sciences
auront cet esprit, et là où les connexions entre
les faits, par d'autres faits, manqueront, la théorie, l'hypothèse, l'analogie interviendront, pour
former un tout. On en est à la simplicité dans
l'ensemble, tout ce qui est simpliste sera bientôt
en faveur ; en revanche, les détails des choses se
multiplieront à l'infini, de là la nécessité de la
spécialisation. La mathématique va devenir trop
vaste et se scindera, et l'on ne trouvera plus à la
fin du xix° siècle d'émérites mathématiciens de
16 ans (Clairvaut), de 18 ou de 20 ans (Monge,
Cauchy, Arago, Abel, J. Bertrand).

★ ★ ★

Monge, fils d'un colporteur bourguignon, ministre en 1792, crée une branche nouvelle, la
Géométrie descriptive, dont il définit ainsi les
deux objectifs : « Le premier est de donner les
méthodes pour représenter sur une feuille de
dessin qui n'a que deux dimensions, savoir: longueur et largeur, tous les corps de la nature qui
en ont trois, longueur, largeur et profondeur,
pourvu néanmoins que ces corps puissent être
définis rigoureusement.

« Le second objet est de donner la manière de
reconnaître, d'après une description exacte, les
formes d'un corps et d'en déduire toutes les vérités qui résultent de leur forme et de leurs posi-
tions respectives...

« Mais aussi, de même qu'en analyse, lors

qu'un problème est mis en équation, il existe des procédés pour traiter ces équations et pour en déduire les valeurs de chaque inconnue, de même aussi, dans la géométrie descriptive, il existe des méthodes générales pour construire tout ce qui résulte de la forme et de la position respective des corps.

« Ce n'est pas sans objet que nous comparons ici la géométrie descriptive à l'algèbre ; ces deux sciences ont les rapports les plus intimes. Il n'y a aucune construction de géométrie descriptive qui ne puisse être traduite en analyse, et lorsque les questions ne comportent pas plus de trois inconnues, chaque opération peut être regardée comme l'écriture d'un spectacle en géométrie. Il serait à désirer que ces deux sciences fussent cultivées ensemble : la géométrie descriptive porterait dans les opérations analytiques les plus compliquées l'évidence qui est son caractère et, à son tour, l'analyse porterait dans la géométrie la généralité qui lui est propre. »

Et comme conséquence de ces idées, Monge, en 1805 et 1807, publiait ses *Applications de l'Algèbre et de l'Analyse à la Géométrie*. Ses élèves, Hachette, Schreiber, Claude Crouzet, vulgarisèrent ses travaux dans le monde entier et le vengèrent. C'est qu'en effet, comme la Révolution avait guillotiné Lavoisier, chimiste et fermier général, et sans que Marat, accusé, mais poignardé huit mois avant, en fût cause, la Restauration guillotina... moralement Monge, privé de ses titres, rayé de l'Institut !... Et cependant, que de merveilles industrielles seules possibles et pouvant être déclarées telles sans de coûteuses expériences, rien que par la géométrie descriptive !

Au même moment, Lazare Carnot, officier du génie, d'esprit moins spéculatif et plus positif, s'occupait des *machines*, de *calcul infinitésimal*, de *transversales*, de *géométrie de position*..., et, entre temps, organisait la victoire !

La géométrie, les lignes de second ordre, les propriétés projectives des figures... occupent Servais, Brianchon, Poncelet, Michel Chasles.

✱
✱ ✱

Pendant ce temps, Laplace, fait comte par l'Empire et marquis par la Restauration, écrivait son *Exposition du Système du Monde* (1796), son *Traité de Mécanique céleste* (1799), qui l'ont fait surnommer le « Newton français ». Les astres n'avaient plus de secrets, la lune expliquait les marées... Les *Probabilités* furent par lui expliquées analytiquement et philosophiquement au grand public. En son *Système du Monde*, Laplace se passe de l'hypothèse Dieu !...

Legendre enseignait alors la géométrie, étudiait la *Figure des planètes* (1782), la *Théorie des nombres* (1785), les *Fonctions elliptiques* (1825-26).

La mécanique passionnait Poinsot (1803) et Poisson (1811).

Et la mathématique rayonnait sur la physique, la chaleur, la capillarité, l'électricité, le magnétisme et l'élasticité... Young et Fresnel trouvaient mathématiquement les belles découvertes de l'optique !

« La Mathématique est la reine des sciences et l'Arithmétique est la reine des mathématiques », disait Gauss, célèbre arithméticien et astronome, également à cheval sur les deux siècles (1777-1855). Il le prouvait et, après lui, Jacobi, Cauchy, Smith, Kummer... C'est qu'en effet, si le grand public s'intéresse surtout aux applications de la mathématique qu'il voit, qui lui apparaissent comme grandioses, le vrai mathématicien aime l'arithmétique, « la seule branche pure des mathématiques non souillée par le contact des applications (Kummer) », c'est-à-dire l'abstraction, le calcul sans but, spéculatif... Ce travail pour le travail, sans réalité apparente, est cependant un énorme facteur de progrès ! Qui ne sait que les spéculations cérébrales de Pascal l'ont conduit à trouver la brouette, cette voiture du pauvre, de l'ouvrier et qu'il pousse, avec un relativement faible effort, devant lui, une charge souvent considérable dont le centre de gravité est sur le sol et qui pèse peu sur ses bras ! C'est là une des nombreuses utilités, et non la moindre, de la mathématique que des gens superficiels peuvent trouver vaine, alors que, d'autre part, certains esprits la mettent partout, à tort et à travers ! La physique nous révélera souvent cette utile immixtion, notamment par Cauchy et Fresnel.

A la même époque, florissait le Norvégien Abel, mort à 27 ans, dédaigné des savants, mais si regretté... ensuite par eux ! L'*analyse*, les *équations*, les *fonctions elliptiques, circulaires*

et *abéliennes*... firent, avec lui, de grands progrès. En même temps, Jacoli et ses compatriotes
allemands Gœpel, Georg, Rosenham, B. Riemann,
Weierstrass, le Français Hermite, utilisaient les
fonctions abéliennes pour de nouvelles marches
en avant dans la mathématique.

Comme la belle Hypathie d'Alexandrie, la
gracieuse Sophie Kowaleski (1850-1890), étonna
le monde savant par son savoir et ses travaux
sur la *théorie des équations aux différences par-
tielles*. Sa mort, vu les sympathies que sa personne avait inspirées, doublées de sa valeur
propre, fut un deuil général dans le monde
savant et ses funérailles furent royales. Elle a
une survivante féminine en Mlle Klumpke, de
l'Observatoire de Paris.

⋆
⋆ ⋆

Nous arrivons aux vivants, et nous continuons
de citer, d'après les sources officielles. La mathématique est devenue complexe ; Algèbre,
Calculs différentiel et intégral, Mécanique terrestre et céleste avec leurs subdivisions : statique,
dynamique, cynématique, trigonométrie, cos-
mographie et astronomie, géométrie plane, dans
l'espace et descriptive..., aussi les spécialistes
se partagent la tâche. En Algèbre et Mécanique
se distinguent W. R. Hamilton, R. Argaud,
H. Grassmann, Peano, M. d'Ocagne, A. de
Morgan, Évariste Gallois à la vie si mouvemen-
tée et mort à 21 ans, Cayley, Sturm, H. Poin-
caré, Fournier, G. Green, C. Maxwell à la
théorie électro-magnétique, Resal, Boussinesq...

Dans le domaine géométrique, nous trouvons Poncelet, Michel Chasles, Stéiner, Crémona, E. Lemoine, H. Brocard, Neuberg, Schœnflies, Mannheim, Lobatchevsky, Riemann, Beltrami, Sophus Lie.

M. Lévy, cité plus haut, synthétise ainsi l'évolution mathématique : Navier, Cauchy, Poisson, Lamé, de Saint-Venant créent ou perfectionnent la mécanique moléculaire. Navier, Clapeyron, Bélanger, Bresse créent ou perfectionnent la résistance des matériaux. Poncelet publie ses leçons de l'école de Metz et crée la mécanique industrielle que Coriolis, Bélanger, Résal, Philips... développeront. Borda, le baron Charles Dupin et Reich perfectionnent l'art nautique et la théorie du navire. Poinsot apporte à toute la mécanique la géniale notion des couples qui jettent une lumière nouvelle sur toutes les parties de cette grande science. Coriolis donne la théorie des mouvements relatifs. Lazare Carnot avait donné celle du choc. Foucault force la terre à écrire sur son propre sol le témoignage de son mouvement diurne, et par ses admirables expériences découvre les propriétés gyroscopiques de la matière, et la mécanique est assez forte pour les expliquer et créer des appareils de ce genre.

Cependant la machine à vapeur est inexpliquée. Mais Sadi Carnot, mort à 36 ans, a publié, en 1824, ses *Réflexions sur la puissance motrice du feu*, et, en ses papiers posthumes, on trouve le principe de l'équivalent mécanique de la chaleur que Joule, Hirn, Mayer, devaient révéler...

Les mathématiques chevauchent constamment sur la physique.

L'esprit mathématique va très bien avec la philosophie, Newton, Descartes, Pascal l'avaient prouvé, d'Alembert, Condorcet... puis Arago, Biot, firent de même. Dans les progrès philosophiques, nous retrouverons maints noms de mathématiciens. Il comporte la justesse, la logique et la rigueur du raisonnement. A l'insu du plus grand nombre, il s'est implanté dans l'esprit général. Certains mathématiciens, à l'inverse de Laplace, comme Hermite notamment, l'une des plus belles figures du XIX° siècle, ont tenu à exprimer leurs croyances spiritualistes et déistes. Quoi qu'il en soit, les mathématiques constituent un ensemble de données théoriques qui, lorsqu'elles sont suffisantes, se voient appliquées par un grand esprit, soit à la physique théorique, soit à la physique industrielle et à la mécanique, donnant alors naissance aux plus merveilleuses inventions.

Chapitre III

LA PHYSIQUE

Le mouvement. — Ampère, Fresnel, Arago. — Air comprimé et travaux publics. — Optique. — Chaleur.

En inventoriant toujours rapidement, oh ! combien ! le domaine de la physique, l'étude des phénomènes momentanés ne durant qu'autant que le fait générateur, nous apercevrons les nombreuses incursions de la mathématique. C'est qu'il s'y agit surtout de mouvements, mouvements vibratoires à ondes concentriques variées et d'étendues diverses, selon que la pesanteur, la chaleur, l'électricité, le son et la lumière entrent en jeu. Mais un mouvement ne s'accomplit pas sans force extérieure, sans un agent qui le détermine, et la mécanique intervient pour en déterminer les lois, les vitesses...

Une pierre tombe attirée vers le centre de la Terre, la lune se meut autour de celle-ci sans tomber vers elle, voilà de la mécanique et de la physique. Newton a déterminé la loi générale de la gravitation universelle. Un corps chauffé a ses molécules qui s'écartent et son volume augmente, il ne peut plus passer là où il

entrait facilement tout à l'heure, c'est un mouvement vibratoire — la chaleur — qui a éloigné
ses parties constituantes. Le son qui agite l'air
impressionne nos nerfs comme la lumière, l'électricité, qui se propagent à travers l'éther impondérable, mais d'une façon qui est propre à chacun de ces mouvements spéciaux et que notre
organisme transforme et assimile, sans parler de
leurs applications purement physiques, industrielles, commerciales. Et la mathématique de
calculer l'effort matériel accompli ou en puissance, de mesurer la transformation ou l'équivalence des uns dans les autres. Le mouvement domine tout, l'inertie n'est pas du domaine matériel, tout vibre, s'agite, se modifie... Et la
physique d'étudier ces incessantes variations et
leurs causes !

Tous les corps, solides, liquides ou gazeux
tombent les uns vers les autres, c'est-à-dire s'attirent entre eux, le plus pesant agissant sur un
autre qui l'est moins. C'est le pendule de Galilée
ou de Foucault, l'expérience de Cavendish qui
le prouvent pour notre globe ou pour des corps
de moindre importance, depuis la pomme tombée
devant Newton. La pesanteur est mesurée par
les *balances*, à ce point précises aujourd'hui
qu'on peut déterminer le poids d'un corps à
moins de 1/20 de milligramme près.

⁎
⁎ ⁎

Dans le domaine de la mécanique thermique,
de la vapeur, les savants eurent un rôle effacé,
sauf pour mesurer ensuite les phénomènes, mais

ils ne produisirent pas les travaux qui révolutionnèrent la face de l'humanité et les rapports sociologiques ; en physique, en électricité notamment, à part Gramme et Edison, ce sont les physiciens officiels qui ouvrent, préparent et déblaient la voie. Passons rapidement en revue les plus célèbres et les plus anciens du siècle afin de ne parler que d'œuvres déjà jugées par la postérité.

Ampère (1) a découvert les lois si belles et si simples de l'électro-magnétisme. A dix-huit ans, il avait déjà inventé une langue universelle destinée, en remplaçant le nombre infini des idiomes qui couvrent la terre, à rapprocher les hommes et à consolider la paix. Le XIXᵉ siècle et les savants y ont largement prêté leur appui et de même créé le volapuck, le spokil, l'esperanto, le bolak..., mais l'esperanto du Dʳ Zamenhoff domine. En 1793, à la mort de son père monté sur l'échafaud, il eut un tel chagrin qu'il faillit perdre la raison, mais pour se consoler, il se plongea avec ardeur dans la botanique, la poésie et la musique. Professeur au collège de Bourg en 1801, il y écrivit ses *Considérations sur la théorie mathématique du jeu.* Il eut bientôt tous les titres possibles, ce qui l'embarrassait fort, ne se trouvant à l'aise qu'en son petit laboratoire de la rue des Fossés-Saint-Victor. C'est de là que sortirent, après la découverte d'Œrstedt, maintes découvertes et appareils électro-magnétiques. Ses

---

(1) André-Marie Ampère est né à Lyon le 22 janvier 1775, mort à Marseille le 10 juin 1836.

distractions sont légendaires plus encore que celles de Newton (la montre mise dans l'eau bouillante à la place de l'œuf, les deux trous dans sa porte parce qu'il avait deux chats...).

Mais l'électricité se rattache à la lumière, comme les mathématiques à la physique, et les savants empiètent sur ces sciences multiples et y laissent l'empreinte de leur génie. Un corps qui rattache toutes les forces physiques, produisant chaleur, électricité, chimisme... est le *radium* de M. et Mme Curie passé inaperçu en 1898.

Fresnel, mathématicien et physicien, a, des mathématiques pures, en partant de l'hypothèse de l'éther et de quelques faits démontrés, déduit les lois physiques de phénomènes dont l'expérience est venue démontrer la justesse et l'existence. Son *Mémoire sur la diffraction de la lumière*, présenté à l'Institut, en 1818, débute par une introduction dans laquelle il rend compte de la marche de sa pensée. Il rappelle les deux systèmes sur la nature de la lumière, la matérialité ou l'émission avec Newton, les vibrations ondulatoires avec Descartes, Euler, Huyghens et Hooke, et préfère ce second système. La philosophie et l'expérience le guident. La nature s'est proposé de faire beaucoup avec peu, et il faut rechercher ce qui produit le maximum d'effets avec le minimum de causes, et, pour Fresnel les ondulations satisfont à ce désidératum. La fin du XIX° siècle a émis de nombreux doutes sur la théorie des ondulations, et les travaux de Möser, Rœntgen, Gustave Le Bon, H. Becquerel, P. Curie, mon-

trant la pénétration de la lumière, matérialisée
visiblement parfois, rendent d'actualité la théorie
de l'émission de Newton (D. A. Casalonga,
Foveau de Courmelles).

En optique, Arago adopta aussi et propagea
la *Théorie des ondulations*, théorie qui compare
les phénomènes lumineux à ceux du son, et les
explique par la transmission à travers l'éther des
mouvements vibratoires dont seraient animées
les molécules des corps doués de lumière. Avec
Ampère, il étudia l'électro-magnétisme et le fit
progresser. C'est lui qui remarqua qu'un aimant
en rotation placé au-dessus d'une plaque métallique de cuivre, s'arrête, et que réciproquement
une plaque de cuivre en rotation sous un aimant
immobile, l'entraîne et le meut. Ce magnétisme
de rotation, cette induction, que devait repren-
dre et compléter Faraday, est la base de tous
les grands progrès électriques de la fin du xixe
siècle.

Arago s'occupa à la fois de la lumière et de
l'électricité. Son émule Faraday (1), voyant se
manifester de plus en plus l'unité des forces physiques, s'adonna surtout, après des découvertes
physico-chimiques, à l'expérimentation électrique. Il conçut l'espoir de découvrir les rapports

_____

(1) Faraday (Michaël) est né à Newington-Butto, près
de Londres, la 22 septembre 1791, mort à Hampton-
Court, le 25 août 1867, élève et préparateur de Davy,
il liquéfia l'acide carbonique et le protoxyde d'azote.
Après 1821, comme Ampère, la découverte d'Œrstedt,
avec l'action du courant sur l'aiguille aimantée, le fit s'occuper des nouveaux phénomènes.

de l'attraction avec les phénomènes de la physique générale. Il écrit : « Le magnétisme n'était encore, il y a quelques années, qu'une force occulte affectant seulement un très petit nombre de corps ; l'on sait aujourd'hui qu'il influence tous les corps, et qu'il a les rapports les plus intimes avec l'électricité, la chaleur, l'action chimique, la cristallisation, et, par la cristallisation, avec toutes les forces mises en jeu dans la cohésion. Dans cet état actuel des choses, nous nous sentons vivement pressés de continuer nos recherches, encouragés par l'espoir de découvrir le lien qui rattache le magnétisme à la pesanteur. » Ce fut aussi la cristallisation qui occupa d'abord Pasteur, et ses travaux sur le groupement des corpuscules inanimés le conduisirent à ceux des infiniment petits et à leur évolution.

*
* *

Les liquides, en hydraulique, s'équilibrent selon leur poids, dans des vases communiquants ou non, dans les jets d'eau, les puits artésiens. Ces principes ont même fourni des analogies explicatives aux théoriciens de l'électricité, mouvement différent et vibratoire non rectiligne comme la *pesanteur*. Les gaz qui aident, par leur propre poids que la compression augmente, les liquides à monter dans les *pompes* (aspirantes, foulantes, à incendie...), servent encore par leur force de détente à remplacer l'effort humain. La pesanteur de l'air de Galilée, Toricelli, Pascal, notion théorique, fournit de remarquables inventions pratiques qui, avant même de pénétrer en

la seconde partie de l'ouvrage, vont nous permettre de montrer l'alliance de la théorie et de
la pratique. Après le *fusil*, l'*arquebuse à vent*
des âges précédents, — un instrument de guerre,
— est venu l'emploi de l'air comprimé, de l'air
que nous respirons, maintes applications toutes
pacifiques et d'usage courant. Le *télégraphe
pneumatique* envoie des groupes de dépêches
dans des boîtes en tôle recouvertes de cuir formant une sorte de train du poids de 40 kilog.,
circulant en un tube en fonte de $0^m,065$ de diamètre et de 1 à 2 kilomètres de longueur : le
train est *poussé* au départ par l'air comprimé et
aspiré à l'arrivée par l'air raréfié ; Londres eut ce
système en 1854 et Paris seulement en 1865 !
Les *horloges pneumatiques* reçoivent de l'*horloge
type*, qui se déclanche, une pression d'air qui
fait à chaque minute avancer l'aiguille. Les
freins Martin (de Caen), couronnés par l'Institut
de France en 1862, sont devenus les freins
Westinghouse : une conduite d'air comprimé
empêche normalement ces freins qui sont auto-
moteurs de se serrer eux-mêmes, la suppression
voulue ou non de l'arrivée de l'air fait que le
train s'arrête de lui-même en quelques secondes.
On a aussi fait un chemin de fer atmosphérique à
air raréfié, aspirant le train du Pecq à Saint-
Germain-en-Laye. Des moteurs, des voitures automobiles, des tramways — dès 1875, celui de
la place de l'Étoile à Courbevoie — peuvent
aussi fonctionner par l'air comprimé : au lieu de
vapeur, c'est la pression de l'air qui actionne les
pistons...

L'emploi de l'air comprimé se généralise. Le mélange d'oxygène et d'azote dont le réservoir atmosphérique est inépuisable, entourant le globe céleste de son épaisseur uniforme de quatre-vingts kilomètres qui pèsent sur le baromètre de soixante-seize centimètres de mercure, fut long-temps à la portée de l'homme sans qu'il en sût l'existence (Galilée, Pascal), sans que moins encore il pensât à l'asservir à ses besoins, à le liqué-fier enfin pour utiliser sa détente plus grande encore avec un transport plus facile, une force mécanique puissante et une source de froid con-gelant le mercure, l'alcool... Qui dira les sur-prises que nous réserve encore cet air, en appa-rence insignifiant et vital au premier chef, le premier aliment humain et la force la plus simple !

Les travaux publics l'emploient constamment, nous l'avons vu. On a perforé le Mont-Cenis, on perce le Saint-Gothard avec des machines per-foratrices à air comprimé pour qu'y passent en-suite les chemins de fer. On envoie cet air comprimé aux plongeurs, sous l'eau, au sein des fleuves et des mers (cloches à plongeons, sca-phandriers...) ; on renouvelle, on régénère de même l'air et, impunément, l'ouvrier travaille en l'élément liquide qui ne l'atteint pas ; ainsi furent édifiés quatre piles du pont de Kehl et, plus ré-cemment, celles du pont gigantesque de Saint-Louis, sur le Mississipi. Le passage de l'ouvrier de la pression parfois considérable, de plusieurs fois soixante-seize centimètres de mercure ou atmosphères, à la pression normale d'un seul atmosphère, se fait, pour le repos, peu à peu,

pour y habituer son système artérioso-veineux ;
et de même pour comprimer progressivement
l'air qui lui permettra de travailler. C'est ainsi
qu'à la fois s'asservissent pour les grands travaux
humains, et les organes vitaux eux-mêmes et les
éléments environnants, tous soumis aux élémen-
taires lois de la physique.

Il y a mieux, sans être obligé d'être relié à
l'extérieur, avec une provision portative d'un
corps très oxygéné et d'un sel potassique qui
absorbera les produits impurs de la respiration,
l'ouvrier pourra sans encombre aller dans les
profondeurs et les abîmes, sûr de lui-même et
sans embarras, y travailler, et voir se renouve-
ler, régénérer, automatiquement sa provision
d'air. C'est encore là une conquête, d'ordre physico-chimique, due au xixe siècle et que certainement le xxe appliquera couramment. Toute
l'industrie repose sur la mathématique appliquée, mécanique, physique, chimique... L'air
encore, chauffé, plus léger, le gaz,... permettent
aux aéronautes de s'élancer à des hauteurs
éperdues en l'espace, de s'y diriger (G. Tissandier, Krebs, Renard, Santos-Dumont, Sévero).

L'air ébranlé de certaines façons donne le son,
et l'*acoustique* l'étudie. La vibration du son se
fait par compressions et dilatations successives
de l'air, parcourant 340 mètres dans l'air, quatre
fois plus dans l'eau (Colladon et Sturm, au lac
de Genève), dix fois et demie plus dans la fonte
(Biot) et même seize fois dans certains bois
(Chladni) ; elle se transmet presque instantanément avec l'électricité et la lumière comme véhi-

cule (*téléphone* de Graham Bell, 1876, ou *photo-phone*),s'enregistre (*vibroscope* de Duhamel, *phonautographe* de Léon Scott, *logographe* de Barlow) et se reproduit (*phonographe* de Charles Cros attribué à Édison, 1877, *graphophone* de Tainter). La voix humaine, les chants harmonieux sont donc non seulement décomposés, analysés, mais reproduits et conservés. La photographie aidant, le cinématographe qui décompose le mouvement, et le phonographe, l'être humain vit indéfiniment, avec son aspect, ses gestes, sa parole. La mort n'existe plus pour les proches, pour les grands hommes.

*
* *

La lumière, *l'optique*, voisine avec l'acoustique, pour compléter, propager ou étudier l'onde sonore. Des flammes manométriques agitées par des bruits, des sons, des notes musicales, ont rendu visibles les phénomènes de la voix. Un miroir vibrant devant la parole et réfléchissant des rayons lumineux porte le son sur les ailes de la lumière (*photophone*), comme en d'autres cas, une lame vibrante influençant élastiquement et à distance un aimant, transmet l'onde sonore sur les ailes de l'électricité (*téléphone*).

La lumière, dont la *réflexion* (Archimède) et la *réfraction* (Descartes) sont connues depuis longtemps, a vu la mathématique de Young et Fresnel en déduire la connaissance de nouveaux phénomènes (*double réfraction, polarisation*) appliqués dans l'industrie. L'intensité se mesure par la *photométrie* (Rumford, Bunsen...).

La vitesse de la lumière (308.000 kilomètres à la seconde) trouvée astronomiquement par Rœmér, a été mesurée par Fizeau, Léon Foucault et Cornu. N'est-on pas étonné, devant ces mensurations, que nos ancêtres, comme les gens ignorants d'aujourd'hui, déclareraient impossibles, de constater la puissance du savoir humain qui, pas plus embarrassé en dehors de son infime globe perdu en l'espace infini, que sur celui-ci, voit, scrute, se meut, perçoit, perce les ténèbres, et *sait* ! La photographie reproduit les astres ; *l'analyse spectrale* en détermine la constitution : le soleil notamment aux sept couleurs, violet, indigo, bleu, vert, jaune, orangé, rouge, contient une masse solide en fusion et une atmosphère gazeuse de vapeurs métalliques ou métalloïdiques qui l'environne : sodium, potassium, hélium, lithium, calcium, strontium, baryum, hydrogène, chlore, brôme, oxygène, azote, iode.

Les distances aux astres n'existent plus, ou si peu (Mars et Camille Flammarion) ! L'Exposition de 1900 nous a révélé la Lune, non à un mètre comme on l'a dit, mais à quatre kilomètres. La réflexion et la réfraction de la lumière utilisées en des miroirs, des lunettes, des télescopes, amènent les images des objets, si éloignés soient-ils, sous les yeux de l'observateur !

La *vision humaine*, la perception de la lumière par l'œil, comme celle du son par l'oreille, est expliquée, et la physique prête, là encore, son aide à la physiologie, aux sciences biologiques et naturelles ! De là, l'invention purement physique des lunettes, non plus pour augmenter la vision normale, mais pour rendre régulières les mauvaises perceptions, pour corriger la myopie, la presbytie, l'hypermétropie..., ou pour examiner l'œil lui-même (*ophtalmoscope*).

Si l'on fait passer un rayon lumineux dans certaines substances (spath d'Islande), il se dédouble (Brewster) ; si deux lumières monochromatiques viennent, en de certaines conditions, se superposer, on a des zones alternativement éclairées ou lumineuses (*franges, interférences* de Fresnel). Il s'ensuit que deux lumières peuvent donner de l'obscurité, c'est quand les ondes — ondulations analogues à celles de l'eau qu'une pierre vient de frapper — se rencontrent en des phases contraires et s'annihilent. Si la lumière, déjà bi-réfractée en un premier cristal rhomboédrique de fluorure de calcium, arrive sur un second cristal identique, on a quatre images ; si les deux rhomboèdres sont devenus des prismes dits de Nicol, et que l'un tourne, il y a absorption lumineuse et plus rien ne passe ; la lumière existante est alors dite *polarisée*, c'est son premier passage qui l'a modifiée, transformée. Le phénomène n'est pas spécial à une substance minérale, le spath fluor, mais se retrouve en maintes substances organiques, c'est ainsi que, dans les fabriques de sucre, un *polarimètre* spécial, dit *saccharimètre*, mesure physiquement la quantité de saccharose de la betterave, des jus sucrés..., la physique remplace alors la chimie. Et c'est en raison de cette utilité bizarre et plutôt inattendue que nous avons quelque peu décrit le phénomène abstrait de la *polarisation* de la lumière !

La lumière se fait d'ailleurs souvent chimiste, mais alors non plus physiquement, momentanément, mais d'une façon définitive, en transformant indélébilement une substance déterminée en une autre : c'est la *photographie* qui réduit les sels d'argent et les coupables sont les rayons violets du spectre solaire, de la lumière du magnésium ou de l'électricité, et ainsi les objets se reproduisent (Niepce et Daguerre, 1839). La photographie ne connaît plus d'obstacles aujourd'hui : les astres (Warren, de la Rue, Jansen, Kirchoff et Bunsen), les mouvements (Dumeny, Marey), les couleurs (Ch. Cros, Lippmann, Lumière), les éclairs (Trouvelot), les microbes, l'intérieur du corps humain (*Rayons X*, de Rœntgen), sont pris instantanément par la plaque sensible... La vie, la nature, tout est pris, agrandi, égalé, rapetissé... à volonté. C'est un procédé d'examen puissant : certains monuments à hiéroglyphes invisibles les ont ainsi révélés ; sous des couches de couleurs, des dates inscrites sur des tableaux ont été reproduites par les rayons X. En temps de guerre, comme en 1870, de longues dépêches *micrographiées* et par suite minuscules, ont été transmises impunément. On reproduit les gravures, les dessins, en creux, en relief (*photolithographie, photocollographie, photoglyptie...*).

* *

La *chaleur* est surtout, dans le grand public, connue par la vapeur qu'elle produit, et qui a bouleversé les mondes, avant l'électricité appelée à la remplacer, par les chemins de fer, par le

transport rapide des gens et des choses. On la
mesure par des *thermomètres* variés; il en est qui
vont chercher la température au fond des abîmes,
des gouffres et des mers inaccessibles à l'homme;
une simple fissure du sol permet à ce thermomètre
à maxima ou minima de Walterdin de déterminer la
chaleur d'un volcan ou le froid de la mer polaire!
D'autres, *pyromètres*, indiquent quand la porcelaine ou les métaux en fusion sont à point. La chaleur,
un mouvement, peut être produite par un mouvement, un corps qui frotte, les molécules gazeu-
ses qui l'on comprime et qui en se rapprochant
se heurtent, et les phénomènes inverses en absorbant un gaz qui se dilate, se détend, se refroidit,
c'est ainsi que la détente brusque de divers gaz
en des conditions de pression et de température
déjà abaissée, mais insuffisante, a produit leur
liquéfaction, que l'air que nous respirons a pu
perdre son état gazeux (Pictet, Cailletet, Linde)...
Inversement, un corps qui se liquéfie ou se soli-
difie, la vapeur d'eau atmosphérique se faisant
liquide ou neige selon les saisons élève la température ambiante. C'est encore là le principe
du chauffage par la vapeur d'eau qui se liquéfie
ou encore par l'eau chaude qui cède de sa chaleur, des *calories* au voisinage. Les *machines
thermiques* utilisent non seulement la force
réelle, expansive de la vapeur, mais encore ces
principes pour lancer l'eau à peine refroidie afin
de la transformer plus facilement en vapeur, avec
moins de combustible. Des régulateurs, volants,
parallèlogrammes articulés, chaudières tubulaires (James Watt, Daniel Poper, Stephenson,

Seguin)... ont rendu applicables au transport, à la force motrice... les machines à vapeur avec le meilleur rendement. Les *moteurs à gaz*, dits à *explosion*, utilisent l'énergie produite par la déflagration d'un mélange de gaz combustible et d'air.

L'*électricité* et les *aimants*, par leur heureux et général emploi avec les chemins de fer, ont bouleversé la face économique du monde. Innombrables sont leurs combinaisons, leurs applications. Le fluide de la foudre est dompté, asservi, domestiqué, c'est l'humble esclave de l'homme ! Son domaine physique, chimique, industriel, artistique, médical est trop chargé pour tenir en quelques lignes. Que de chemin parcouru depuis la pile de Volta en 1793, jusqu'aux gigantesques machines pour l'éclairage et la force motrice de l'Exposition de 1900 ! Nous retrouverons d'ailleurs, chemin faisant, pour nous étonner et nous ravir, les forces physiques constamment utilisées, plus puissantes, plus merveilleuses que ne l'étaient les fées des contes de Perrault qui ont bercé notre enfance : les véritables fées sont les ingénieuses machines électriques, thermiques, qui de plus en plus remplacent le travail manuel de l'homme, par leur gigantesque, incessant et semblable effort ! Et les mânes de Galvani, « le maître de danse des grenouilles », doivent tressaillir d'aise, en la tombe !

Chapitre IV

LA CHIMIE

Lavoisier. — L'électricité isolant les corps. — Les atomes. — Corps vivants organiques et organisés. —
La synthèse. — Falsifications alimentaires.

La chimie, comme la science, comme l'histoire,
ne commence pas au xixᵉ siècle, comme il est
d'habitude de le croire en certains milieux. Les
alchimistes, avec leur outillage bizarre, étrange,
alambiqué, c'est le cas de le dire, avaient déjà
fait de belles découvertes. Berthelot, le plus
grand nom de la chimie au xixᵉ siècle, esprit
synthétiste et généralisateur, créateur de la *thermo-chimie*, le démontra. Les modestes apothi-
caires, tant raillés par Molière, avaient aussi fait
progresser la chimie, comme le firent tant, au dernier siècle, leurs remplaçants, les pharmaciens!
On connaissait donc, au temps de Lavoisier, notamment les acides sulfurique et azotique, l'eau
régale, l'arsenic, le bismuth, l'antimoine, le zinc,
le phosphore, l'ammoniaque, la potasse, la soude,
la chaux, l'alcool, l'éther, la poudre à canon, la
porcelaine, les sels métalliques, les procédés mé-
tallurgiques...

Il reste incontestable cependant que Lavoisier,

qui attendit plus d'un siècle, par un temps de statuomanie, oh combien ! sa statue à Paris, derrière la belle église de la Madeleine, a créé l'actuelle chimie, mais s'il n'y avait pas eu des bases solides, malgré de lourdes erreurs, si le pharmacien Bayen ne l'avait instruit des principes d'alors, nul doute que Lavoisier, réduit à ses seules forces, n'eût rien trouvé. L'homme ne crée point, et isolé, nous l'avons dit, son esprit ne trouvant aucunes bases, ne peut prendre l'essor inventeur qui bouleverse les mondes !

Le xviiie siècle à son déclin aimait — comme le xixe siècle, à sa fin, — le mystérieux et le voyait partout. En chimie, la chaleur, alors fluide merveilleux, pondérable, pesant (l'oxygène de l'air ainsi absorbé étant méconnu), servait à favoriser maintes unions de substances inertes, à faire des combinaisons en un mot. Bayen, comme son confrère le pharmacien Brun (de Bergerac), répugnait à admettre que la chaleur, un fluide, se pût peser ; Lavoisier en douta bientôt plus encore, et résolument, après des expériences, pût nier le phlogistique qu'avait admis Bacher et prouvé (?), vulgarisé, Stahl, un grand chimiste doublé d'un grand médecin. Lavoisier prouva que dans les combustions, ce n'était pas la chaleur qui augmentait le poids des substances en les transformant, mais bien un des éléments de l'air, l'oxygène. De ce jour, la chimie actuelle existait : on savait isoler les corps, même gazeux, les reconnaître, les combiner. Cette science française allait bouleverser l'industrie, la thérapeutique, l'alimentation...

Il lui faut d'abord un langage clair et précis, un double langage même, écrit et parlé, exprimant à la vue ou à l'oreille la composition de la substance, la nature multiple de ses éléments s'il est complexe, c'est la *Nomenclature chimique*. Le fermier général Lavoisier et l'avocat général au Parlement de Dijon, Guyton de Morveau, collaborent à cette création, puis Berthollet et Fourcroy. Les mots *acide* et *oxyde*, les terminaisons *ique, eux, ale, ite, ure*... suffisent, mais il fallait les trouver et les appliquer. Le langage créé, il faut nommer des corps, et pour cela les décomposer, les analyser, les séparer, connaître leur constitution ; la liste d'alors n'en était pas bien longue, mais les travaux se multiplient. Après l'air, l'eau, la potasse, la soude, la chaux... sont révélées comme formées d'oxygène et d'un métal. Les années se passent, la Révolution française aussi : Lavoisier y succombe, après Marat depuis accusé de sa mort, mais la pile survient avec Volta. Le membre de l'Institut Bonaparte, premier consul, dit à la séance où se révèle la découverte de Volta, à Fourcroy, chimiste, que c'est de son domaine. Et, en effet, Davy, Carlisle, Nicholson... décomposent électriquement un grand nombre de bases assimilées jusque-là à des corps simples. Davy fait même remarquer l'état électro-chimique des substances qui se combinent.

*
* *

Berthollet, Scheele, Cavendish, Priestley avaient combattu les idées de Lavoisier, même

après que la hache révolutionnaire eut en 1794
mis fin à son existence.

En 1807, de nouveaux corps simples furent
isolés, c'étaient le potassium, le sodium, le calcium séparés en la potasse, la soude et la chaux
de leur oxygène combiné ; l'electro-chimie, c'est-
à-dire la pile avec Humphry Davy, faisait ces
conquêtes. Gay-Lussac et Thénard vérifièrent
les faits. L'alumine et la magnésie fournirent
plus tard l'aluminium et le magnésium avec Œrsted, Wœhler, H. Sainte-Claire Deville. Mais les
acides prussique et chlorhydrique n'avaient pas
d'oxygène, et la théorie trop exclusive de Lavoisier en fut momentanément quelque peu ébranlée
jusqu'à ce que l'on ait admis qu'il y avait deux
sortes d'acides, les uns formés d'oxygène, les
autres d'hydrogène.

A l'époque où Lavoisier posait les fondements
de l'édifice chimique, larges, solides, comme
pour une construction vaste et de longue durée,
un savant allemand, Wenzel, étudiait la décom-
position des sels, et notait les proportions invariables d'acides ou de bases qui se combinaient.
C'était la loi de l'équivalence que Richter développait vingt ans plus tard. Et le professeur Dalton, de Manchester, un homme qui joignait à un
amour ardent de la science cette noble fierté du
savant qui sait préférer l'indépendance aux honneurs, et à une vaine popularité la gloire des travaux solides (Wurtz), reconnut les *proportions
multiples* et invariables des corps entrant en
composition ; ces poids d'atomes furent les *équivalents* de Wollaston. Berthollet, qui avait étu-

dié les *affinités*, sympathies des corps, tendances
à la combinaison, qui en avait vu les phénomènes physiques de solubilité, de volatilité, n'ad-
mit les *proportions définies* que comme un phénomène accidentel. Mais Stas confirma les recherches de Wenzel, Richter, Proust, Dalton,
Wollaston...,

Après les poids, les volumes sont constatés
comme ayant des rapports constants dans les
combinaisons, et c'est Gay-Lussac, puis Amédéo
Avogadro qui signalent ces relations simples entre les densités des gaz et les poids de leurs plus
petites particules. Dalton, qui avait trouvé le
semblable rapport des poids, niait celui des
volumes !

*
* *

La chimie est donc en possession de deux
théories, celle des poids ou *équivalents*, et celle
des volumes ou mieux des molécules spéciales,
d'*atomes*. Avec Avogadro devait triompher la
première sous le nom de théorie atomique.
« Cette conception si juste et si simple, — dit
Wurtz, en le magistral exposé qui ouvre son
Dictionnaire de Chimie — semble avoir échappé
à l'attention des contemporains, soit que son auteur ait manqué de l'autorité nécessaire pour la
faire adopter, soit qu'il l'ait discréditée en
essayant d'étendre son hypothèse aux corps non
gazeux. Ampère reproduit cette hypothèse en
1814... » Quelle plus belle preuve, quel meilleur
aveu de la difficulté qu'à la vérité, même dans le
domaine scientifique, à se faire jour ! Quelle plus

belle négation du principe d'autorité, puisque
celle-ci ne sert, le plus souvent et pendant longtemps, qu'à propager l'erreur ou à empêcher le
vrai d'apparaître ! Cela ne prouve-t-il pas encore
merveilleusement que : « Rien n'est nouveau
sous le soleil », et qu'une découverte doit être
trouvée, retrouvée — ... combien de fois ? —
avant d'être adoptée !

Cette théorie des atomes reposant sur des
« volumes égaux des gaz renfermant un nombre
égal d'atomes dans les mêmes conditions de température et de pression », se développait cependant avec Berzélius, un savant qui, comme plus
tard Berthelot, un autre chimiste, épuisait tous
les honneurs, fonctions, décorations, fortune,
considération !...

« Auteur de découvertes nombreuses et importantes — dit Wurtz — il a dû plus à la persévérance qu'au génie », lequel n'est cependant
« qu'une longue patience », au dire exact de Buffon : il a trouvé le sélénium, la thorine, le sili-
cium, le zirconium, le tantale, et il a surtout cher-
ché à dresser la table des poids atomiques.

Appliqués aux eaux minérales, à l'*hydrologie*,
les atomes ou mieux les *ions* (Vant'Hoff, Arrhénius)
ont permis à F. Garrigou, A. Robin, de comprendre l'action curative et la composition de ces
eaux.

⁂

La chimie minérale des corps inertes a longtemps seule préoccupé les chimistes ; mais cependant combien incomplète ! que de corps simples ou isolés ont été révélés en le dernier espace

séculaire ! Que de métalloïdes et de métaux insoupçonnés !

Au commencement du dernier siècle, qu'il devait presque finir, Chevreul, étudiant les corps organisés, trouvait les acides gras et donnait à l'industrie des bougies, d'un éclairage meilleur et moins dispendieux, un essor nouveau. C'est de la chimie organique, avec J.-B. Dumas, puis avec Laurent et Gerhardt, que devait surgir la théorie atomique. La facilité avec laquelle certaines substances de ce domaine, l'hydrogène, par exemple, se laissaient remplacer par du chlore, de l'ammoniaque, font concevoir à Laurent, Gerhardt, Wurtz, les *radicaux*, c'est-à-dire l'existence de corps complexes pouvant entrer en combinaison à la façon des corps simples, métaux ou métalloïdes pour former, comme ceux-ci, des acides et des bases (alcaloïdes), des composés binaires. De là, comme en botanique, des possibilités de groupement (famille, série, série homologue). L'hydrogène et le charbon combinés, hydrures de carbone ou carbures d'hydrogène, sont des radicaux très répandus dans la nature, combinés à une ou plusieurs molécules d'eau, ce sont les *alcools* mono ou polyatomiques si bien étudiés par M. Berthelot ; l'eau y peut être remplacée en tout ou partie, par des acides, de là des *éthers*, par de l'ammoniaque, de l'arsenic, du phosphore, de là des *amines*, des *arsines*, des *phosphines*, les *radicaux* restant invariables. La limite à ces combinaisons, analogue à celle d'un corps soluble dans son dissolvant, est dite saturation.

L'importance de cette filiation des corps, de
leur groupement, est énorme ; c'est certainement
en chimie qu'une théorie bien conduite a donné
de tels résultats expérimentaux et pratiques.
L'alliance, l'étroite parenté entre les corps inertes et les corps organisés, s'est imposée. L'horizon
s'est élargi. L'arrangement moléculaire des corps
est le même dans toute la nature, vivante ou inanimée. Et de même qu'il y a une échelle sociale
humaine, une échelle zoologique, il y a une
échelle chimique, et s'il y manque des gradins,
il les faut trouver, car ils existent. On cherche
alors le parent inconnu, le stade absent ; de là des
recherches et des découvertes. Le problème chimique revient en quelque sorte à la solution de
cette question : Un père a eu quatre fils, trois
sont près de lui, trouver le quatrième. On cherche et l'on trouve. Si la nature se refuse à répon-
dre, on fabrique de toutes pièces la substance
que l'on ne peut trouver naturellement, c'est la
synthèse chimique.

**

A côté de l'*analyse* qui détruit, observe, réduit à ses éléments simples un corps complexe,
il y a, en effet, la *synthèse* qui reprend ces éléments, dans les proportions voulues, et reproduit
la nature. On fabrique ainsi aujourd'hui le diamant (Berthelot, H. Moissan), les pierres précieuses : la silice, l'alumine, la vulgaire argile...
fournissent ou deviennent le corindon, le saphir,
le rubis... C'est le *four électrique* — invasion
physique en la chimie — qui a permis, par ses

températures élevées, de fondre ou produire les corps les plus durs (Moissan).

L'analyse, stérile en quelque sorte, ne répond qu'au désir de savoir ; la synthèse, plus puissante et plus féconde, crée pour ainsi dire, remplace la nature, elle produit la substance utile, d'abord dispendieusement, puis l'industrie intervient et opère à bas prix. Berthelot a, pour une grande part, remplacé la science de destruction et de mort, l'analyse, par la science de vie et de création, la synthèse. Dans l'œuf électrique, entre des électrodes de charbon, il a produit, avec l'étincelle combinatrice, du diamant ; en ajoutant de l'hydrogène, divers carbures d'hydrogène. Avec ces carbures, il a fait des alcools, voire de l'alcool de vin identiquement semblable à celui extrait du pur jus de la treille !... Le carbure de calcium du four électrique (Moissan) donne aussi l'acétylène, éclairant et point de départ de ces carbures (Berthelot).

La substance vivante est également un laboratoire physico-chimique, faisant de merveilleuses transformations ; sorte de cornue avec piles et courants électriques (1), l'organisme élabore et envoie, là où il convient, les substances nécessaires aux régions désignées, le phosphate de chaux aux os, le soufre aux ongles... Mais aussi il fabrique des produits spéciaux, agents de mort ou de vie, alcaloïdes ou bases particulières,

(1) D' FOVEAU DE COURMELLES, Académie de médecine, 18 juillet 1893. Les courants électro-chimiques de la digestion ; et Congrès de l'Avancement des Sciences, 1895.

leucomaïnes et ptomaïnes, qui vivifient ou in-
toxiquent l'être vivant, rendant la vie possible ou
impossible aux infiniment petits, bacilles, microbes, existant normalement et en petit nombre en
l'être vivant.

Le laboratoire biologique est le plus vaste et
le plus complexe des laboratoires et en plus d'un
chapitre encore, nous le verrons envahissant.
(Armand Gautier, d'Arsonval, Charrin, Ch. Richet, N. Gréhant...)

La houille, qui fut un autre laboratoire vivant,
au sein du sol bouleversé où s'étaient englouties
de gigantesques forêts, nous révèle aussi sa richesse immense par la découverte, en ses goudrons, de produits nouveaux et innombrables.
Les pétroles en sont cousins germains. Que de
produits et de sous-produits en dérivent, servant
à éclairer, chauffer, colorer...

*

L'alimentation s'est enrichie de substances
nouvelles, artificielles ou isolées de produits
naturels et inutilisés. Mège-Mouriès a extrait de
la graisse de bœuf un produit, la margarine,
absolument analogue au beurre, auquel il est
associé bien souvent, et qui se vendait couramment, il y a peu d'années, sur les boulevards à
Paris, sous le nom de beurre artificiel. Depuis,
une loi qui l'a fait appeler de son vrai nom en a
singulièrement restreint la vente... sous ce nom!
Encore, est-ce là une falsification inoffensive et
moins indigeste que l'addition de vaseline,
graisse extraite des pétroles.

Maints industriels appliquent donc, sans le
savoir, le grand principe de la chimie au xix°
siècle : « Rien ne se perd, tout se transforme ».
Ils sont souvent fort ingénieux, et modifient ma-
tériellement, pour les faire consommer, les innombrables produits alimentaires, ou autres, surtout
autres, qui ont cessé de plaire ou d'être utilisa-
bles. Les chimistes ne peuvent que les encoura-
ger en cette voie... féconde pour la science et
l'expérimentation... forcée. Il y a là des contre-
découvertes insoupçonnées et en lesquelles les
laboratoires municipaux trouveront des inventions dont ils pourront revendiquer la gloire...
les intéressés n'y tenant pas autrement !

« Notre époque — dit Pierre Delcourt, en *Ce
qu'on mange à Paris* — est toute de progrès, les
idees s'élargissent, les procédés prennent de
vastes proportions ; on ne daigne plus croupir
dans l'antique routine. Aussi les industriels
transformateurs de nos productions alimentaires
opèrent-ils en grand.

« On ne rencontre plus aujourd'hui, qu'à l'état
d'exception, l'humble falsificateur travaillant
sur un modeste produit, et lui donnant bien ou
mal une couleur alléchante. Des usines se sont
élevées où l'on fabrique largement une alimentation, servie pour la deuxième fois, aux innombrables estomacs parisiens, que prétendent satis-
faire les non moins nombreux restaurants à bas
prix. »

On est effrayé pour l'avenir à l'idée de ce que
boiront et mangeront nos arrière-neveux, si la
progression se poursuit comme elle s'annonce.

Et, — disait M. Edmond Perrier, au banquet
Berthelot de 1895, donné à un point de vue philosophique pour combattre les idées de l'acadé-
micien Brunetière sur « la banqueroute de la
science ! » — les laboratoires municipaux des
villes poursuivront alors les produits aujourd'hui
considérés comme naturels et qui essaye-
raient de se substituer aux substances alimentaires fabriquées par la science, laquelle aurait
cessé de faire banqueroute, vraisemblablement.
Ainsi le beurre, le vin, les jus de viande prove-
nant de la nature vivante seraient condamnés
comme substances immorales et dangereuses
pour la santé ! Nous nous y acheminons à grands
pas, et l'agréable menu — de certains restaurants
à bas prix — d'un dîneur parisien actuel, pourrait en fournir un échantillon intéressant, mais
nous ne voulons pas faire un cours de falsifications alimentaires !

La chimie comme la physique — celle-ci déterminant notamment la chaleur des combinaisons
et la thermo-chimie de Berthelot — se retrouve
donc en tout, partout, pour le progrès, pour la
vie, pour la mort ! La baguette divinatoire des
sorciers pour les sources, est remplacée par les
propriétés physiques des corps, voire électriques
ou radio-actifs qui les font deviner et découvrir
(P. Curie).

Sans parler de l'alcool qui, produit à bas
prix, intoxique en nos boissons, fait disparaître
l'espace devant les automobiles qui le com-
burent, n'y a-t-il pas la série des explosifs de
guerre, si meurtriers, souvent invisibles et insai-

sissables : la poudre sans fumée, l'acide picri-
que, les picrates, la mélinite, la dynamite... servant à la fois aux travaux publics, en faisant
sauter d'audacieux rochers osant barrer la route
aux voies ferrées ou détruisant des armées en-
tières, barbarie digne d'autres âges... La
science, d'ailleurs, aide à la mort, à la vie,
comme de la mort renaît la vie, c'est l'éternelle
— non pas destruction — mais rénovation, transformation, évolution.

CHAPITRE V

LES SCIENCES NATURELLES

Divisions des sciences naturelles. — L'évolution au commencement du xixᵉ siècle. — L'échelle zoologique. — Embryogénie. — Reconstitutions de Cuvier et la théorie actuelle de l'évolution. — Botanique, géologie, paléontologie. — La notion de causalité. — L'espèce et les théories religieuses. — Intelligence animale

La science des êtres vivants n'est pas nouvelle puisqu'Aristote avait déjà fait d'eux une classification dont les grandes lignes sont restées. Mais combien peu d'observateurs depuis lui, et l'un des grands mérites du xixᵉ siècle sera d'avoir développé l'esprit d'examen, de sage vision qui était né avant lui et de l'avoir étendu aux plus extrêmes limites, grâce à de merveilleux instruments de recherche dus à la physique. Ainsi se put saisir la filiation des êtres et surgir, grandir, s'épanouir la belle théorie de l'évolution. Nous sommes loin de l'époque de Virgile, et des médecins de Louis XIV — encore du même avis — où le poète fait naître les abeilles de la génération spontanée sur les cadavres ; on confondait une mouche ailée, jaunâtre, l'érysthale, avec la travailleuse et républicaine productrice de miel !

L'état actuel des sciences naturelles avec les
travaux en zoologie de Cuvier, Geoffroy-Saint-
Hilaire, Heckel, Blanchard, les Milne-Edwards,
Flourens, Ch. Darwin, Herbert Spencer, Lacaze-
Duthiers, A.-F. Marion, Ed. Perrier, Huxley,
Romanes, J. Lubbock, Giard, Delage ; en botanique, de Boussingault, de Saussure, Hof-
meister, de Bary, Trécul, Duchartre, Van Tie-
ghem, Prillieux, Strassburger, Van Beneden,
Guignard, Bonnier, Nawaschine, Mangin,
Vöchting, de Vries ; en géologie, d'Elie de
Beaumont, Ch. Sainte-Claire-Deville, d'Or-
bigny, d'Archiac, d'Homalius d'Halloy, Hébert,
Munier-Chalmas, de Lapparent, et nous n'in-
diquons que les plus grands noms, exigerait
plusieurs volumes. Aussi convient-il plutôt d'indiquer les grands progrès d'études et les méthodes différenciant le XIX° siècle des périodes
séculaires qui l'ont précédé.

Les animaux et les végétaux dont on n'avait
surtout étudié que la forme extérieure, la morphologie, se sont vus étudiés dans leur structure
intime, leurs fonctions. Ces sciences ont tellement évolué qu'elles se sont divisées à leur tour.
Si l'on s'adresse aux animaux, on a la *Zoologie*,
description des formes, la *Physiologie*, étude des
fonctions, la *Psychologie*, étude de l'intelligence,
l'*Histologie*, pour les tissus, l'*Anatomie comparée*, étude qui passe en revue et différencie les
animaux d'après leurs organes. Pour les végétaux, la *Botanique*, la *Physiologie*, l'*Histologie*,
étudiant la forme, les fonctions et la texture
intime des plantes.

La faune et la flore fossiles ou des temps préhistoriques rentrent, pour les formes extérieures, dans les études précédentes, tout en constituant cependant une science à part, la *Paléontologie*. Ces sciences ne peuvent exister sans *classification*, c'est-à-dire sans groupement méthodique des êtres qui y figurent. Linné, les Jussieu, Tournefort, ont catalogué les plantes, Buffon, Lamarck, Cuvier, Darwin, ont classé les animaux. L'individu n'est pas isolé dans la nature, il a des congénères qui, avec lui, forment l'*espèce*. Un certain nombre de ces groupes ont des caractères essentiels communs qui, réunis, donnent le *genre* ; le chien et le loup, d'espèces différentes, sont du même genre, de même le chat et le tigre. Des caractères plus généraux, plus répandus déterminent la *classe*. Plus loin encore, on a les *embranchements* ou types d'organisation.

Pour les végétaux, les botanistes, malgré des divisions infinies, ont adapté les trois grands types : *acotylédones* ou *cryptogames* aux mousses, algues, lichens, champignons, fougères : les *monocotylédones*, aux palmiers, aux graminées, aux orchidées, aux iridées, aux liliacées, et *dicotylédones* à leur tour divisés en *gymnospermes* et *angiospermes*, avec les conifères, les crucifères, les composées... La graine est l'élément important de la classification végétale...

***

Les végétaux et les animaux ainsi examinés de plus près ne furent plus considérés comme

si différents les uns des autres, au moins par
leurs bases, la variation des êtres fut admise.
Comme Laplace, faisant dériver la Terre, les
planètes, les astres, d'un soleil géant, au centre
du monde et dont des parcelles détachées étaient
venues, en tournant au loin, constituer de petits
soleils désormais doués de mouvements déterminés et rien que de ceux-là, maints zoologistes
révolutionnaires ne voyaient nul obstacle à ce
que dérivassent les uns des autres tous les êtres
vivants. Mais on ne peut bien juger une époque
que par des contrastes ; émettre les idées qui
paraissaient des plus subversives au moment de
leur apparition pour les mettre en opposition
avec l'heure présente, me paraît des plus utiles
pour montrer la marche de la zoologie au xixᵉ
siècle.

La théorie de l'*évolution* n'est donc pas apparue tout à coup comme on le croit communément ;
elle aussi a évolué lentement.

Nombreux sont les précurseurs français de
Darwin et de son *Origine des espèces* (1858) (1).
Avec eux, la foi peut subsister. Ce sont Benoist
de Maillet qui cherche, en 1748 et 1756, à accorder la Bible et sa Cosmogonie ; René Robinet,
de Rennes (1735-1820), qui distingue Dieu du
monde, la nature incréée de la nature créée :
« Chaque variation du prototype est une sorte
d'étude de la forme humaine que la nature médi-
tait. » Buffon (1707-1788), d'abord convaincu

_____

(1) *Darwin et ses précurseurs français*, par M. A. de
Quatrefages, Paris, 1892.

de l'invariabilité des espèces, crut plus tard à leurs variations, les réduisant cependant au minimum, passant de l'idée de *transmutation* à celle de *variation*. Jean-Baptiste-Pierre-Antoine Monet, chevalier de Lamarck (1744-1829) distingue le Créateur de la *nature*, et celle-ci de l'Univers. L'auteur de la *Philosophie zoologique* prétendait remonter aux lois primordiales imposées à la matière et aux forces par le Créateur dont il proclame hautement l'existence et aux causes premières ; Darwin s'en sépare et « ne prétend point rechercher les origines premières des facultés mentales des êtres vivants, pas plus que l'origine de la vie elle-même ». Étienne Geoffroy-Saint-Hilaire (1772-1844) et son fils Isidore (1805-1861), le premier élève direct de Buffon, aussi nettement transformiste que le second, admettent franchement la « Cause Première ». Bory de Saint-Vincent (1780-1846) parle de l'habitude et de l'hérédité. Le botaniste Charles Naudin est prêt d'accorder à la nature la volonté, l'intelligence et la finalité de son cœur (1856).

Et toutes ces manifestations générales de l'esprit humain, cette perspicacité reconstitutive et ces conquêtes de l'Univers auquel un à un, on arrache tous ses secrets, ont souvent été faites par de simples vues de l'esprit, avec la pensée pour seul instrument et seul moyen de vision, et elle suffisait à deviner, à traverser l'infini du temps et de l'espace. C'est ainsi que pour Lamarck, le véritable créateur, l'auteur de la *Théorie de l'évolution*, qui ne connut pas le *Bathybius Hœckelii*, ni l'existence du fond des mers (l'océa-

nographie et le prince de Monaco) sur laquelle les évolutionnistes ont déjà fondé maints espoirs déçus, la vie naît et s'éteint avec les corps qui ont été son domaine ; elle n'est qu'un effet particulier plus ou moins durable, des actions exercées par ce que nous appelons aujourd'hui les forces physico-chimiques, l'attraction, la chaleur, l'électricité. Celles-ci seules ont peuplé le globe primitivement désert en déterminant les générations spontanées.

En sa *Philosophie zoologique*, Lamarck attribue un grand rôle à l'attraction. C'est elle qui agissant d'abord dans les eaux du vieux monde pour continuer dans les eaux actuelles, a rassemblé de très petits amas de matières gélatineuses. C'est l'attraction encore qui, sous le nom d'Amour, avec Alphonse Toussenel en son *Esprit des Bêtes*, produira les phénomènes de l'animalité. L'influence de la lumière, les fluides subtils (calorique, électricité) pénètrent ces petits corps; il s'y exerce une action régulière en écartant les molécules, y creusant les cavités et transformant la substance en un tissu cellulaire d'une délicatesse infinie. Dès lors, ces corpuscules sont capables d'absorber et d'exhaler les liquides et les gaz ambiants. Le mouvement vital commence, et selon la composition de la petite masse primitive, donne naissance à un végétal ou à un animal élémentaire. Si elle renferme de l'azote, elle devient un infusoire ; si cet élément essentiel lui fait défaut, elle se transforme seulement en byssus. Peut-être des êtres bien plus élevés prennent-ils naissance par le même procédé direct. N'est-il pas présumable qu'il en est ainsi pour les vers intestinaux ? Pourquoi les choses ne se passeraient-elles pas de même pour des mousses, pour des lichens ? La nature est toujours à l'œuvre, elle crée et développe sans cesse. L'organisation animale s'élève par degrés, se compliquant sans cesse. Les animaux et les végétaux ont le même point de départ et évoluent chacun de leur côté, parfois troublés en leur développement par des circonstances accidentelles (1).

A leur base sont les infiniment petits, nécessaires à leur naissance, à leur existence, à leur mort, selon leur nature. Des solutions salines peuvent aussi produire, arrêter, modifier le développement des êtres, comme le radium ou le ballottement des œufs en évolution produire des monstruosités, de la *tératologie* (Dareste).

Même des infusoires à générations agames scissipares dégénèrent et meurent (Maupas), mais on peut rajeunir les paramécies en les transportant en des eaux chargées de certains sels, et cela plusieurs fois (Loeb). La terre exige, non seulement des engrais chimiques (seuls et trop répétés, ils épuisent le sol), mais des bacilles qui lui font absorber l'azote ; certaines plantes,

---

(1) M. de Quatrefages en *Darwin et ses précurseurs français* expose ainsi les principes de Lamarck, c'est bien le darwinisme actuel, avec la sélection naturelle et les milieux, moins la lutte pour la vie.

les papilionacées, par exemple, exigent aussi des bactéries pour cela ;

« La production d'un nouvel organe dans un corps animal résulte d'un nouveau besoin qui continue à se faire sentir et d'un nouveau mouvement que ce besoin fait naître et entretient. Tout ce qui a été acquis, tracé ou changé dans l'organisation des individus pendant le cours de leur vie, est conservé par la génération et transmis aux nouveaux individus qui proviennent de ceux qui ont éprouvé ces changements » (Lamarck).

« ... Les circonstances influent sur la forme et l'organisation des animaux. Les habitudes ont, avec le temps, constitué la forme du corps, le nombre et l'état des organes, les facultés dont il jouit. Les serpents ont dû avoir des membres, mais l'habitude, et de là le besoin de ramper, les a supprimés. Un organe non exercé s'atrophie ; un autre très exercé, se développe. Il détermine certains ancêtres communs à des animaux dissemblables, ce que fera plus tard Darwin.

« Pour les végétaux, la théorie est la même : « tout s'opère par les changements survenus dans la nutrition du végétal ; dans ses absorptions et ses transpirations ; dans la quantité de calorique, de lumière, d'air, d'humidité ; enfin dans la supériorité que certains des mouvements vitaux peuvent prendre sur les autres ». Ces modifications dépendent toujours « de grands changements de circonstances ».

De nombreux exemples sont dans le livre de

Lamarck, Charles Darwin a affirmé, mais M. de Quatrefages, en ses *Précurseurs français de Darwin*, le réfute, — que son père Erasme avait eu, avant Lamarck, maintes idées semblables. Darwin n'a fait que former un corps de doctrines et de faits, formuler et non trouver les lois de la sélection naturelle et de la lutte pour la vie, dont la forme synthétique a charmé et a fait exagérer ses idées transformées en véritable religion, et quelle religion ! celle de l'égoïsme et de la destruction des faibles. Plus scientifiquement interprétée, l'évolution fait que notre XX° siècle se rend difficilement compte de la valeur des précurseurs de Darwin qui n'eurent souvent, il le faut répéter, que la vision de leur génial esprit comme instrument de découverte et de dissection. Avec notre actuelle multitude d'instruments délicats, d'appareils d'éclairage, de microscopes perfectionnés, nous ne pouvons qu'avec un puissant effort d'abstraction nous faire une idée de l'immense labeur réalisé par les précurseurs. Peut-on se rendre compte du génie de Cuvier reconstituant un animal avec un seul os, et de l'esprit de méthode qui lui permettait de le faire à coup sûr ?

★★

Aujourd'hui, la zoologie, si immense soit-elle, si nombreux et si différents de formes que soient les êtres qui y rentrent, l'étude générale en est facile, les types des embranchements, classes, familles, genres, y sont bien et dûment déterminés, classés et étiquetés. Nous ne pouvons décrire toutes les découvertes, mais simplement

montrer le chemin parcouru. Tous les organes
sont aujourd'hui connus dans leur structure et
leurs fonctions ; on dissèque l'appareil nerveux
d'un mollusque, par exemple, jusqu'en ses plus
petites ramifications. On voit, qu'on admette la
théorie de l'évolution de Lamarck et Darwin
comme absolue ou comme moyen mnémotech-
nique, on voit merveilleusement se dérouler l'enchaînement des êtres animaux ; on part du protoplasma, substance gélatineuse vivante qu'incarne
l'*Œthallium septicum* ou fleur de tan qui éclôt
et se développe sur l'écorce de chêne rejetée par
les tanneries ; on voit le microscopique proto-
zoaire qui, lui aussi, se déplace, glisse, cherche sa
nourriture ; l'amibe aux tentacules rétractiles
semble comme en se jouant prendre sa nourriture et la cacher en son sein pour ensuite la di-
gérer à l'aise ; ces prolongements sont devenus
les types d'autres appendices émanés de cellules
supérieures et se mettant en contact à volonté,
selon les besoins. Ces êtres monocellulaires avec
ou sans membrane enveloppante sont à la base
du règne animal et les plus INVERTÉBRÉS de tous
les animaux ! On les appelle encore, selon leurs
deux classes, *rhizopodes* ou *infusoires*. Puis on
monte l'échelle des êtres, en arrivant aux CŒLEN-
TÉRÉS, en passant par les *spongiaires*, les épon-
ges océaniques aux cellules phagocytaires ou
dévorantes ; les *polypes* à la multiplication indéfinie et que l'on peut couper, recouper, couper
encore pour former autant d'êtres vivants ; les
acalèphes aux tentacules suceurs et nageurs. Plus
haut, les ECHINODERMES nous donnent les *asté-*

ries ou étoiles de mer ; les globuleux et comestibles *oursins*, les enveloppés, coriaces et cylindriques *holothuries*. Les enveloppes protectrices s'accentuent en les MOLLUSCOÏDES, respirant avec des branchies extérieures ou *bryozoaires*, avec des branchies intérieures ou *tuniciers*. Pas toujours enveloppés, mais avec un système nerveux qui s'est formé peu à peu et qui, sans être parfait, leur rend déjà des services, viennent les MOLLUSQUES avec une tête non distincte, les *acéphales* (huîtres) avec une tête distincte, marchant sur le ventre ou *gastéropodes* (escargots), avec des nageoires ou *ptéropodes*, avec de véritables bras autour de la tête ou *céphalopodes*. Les ANNELÉS, à corps formés d'anneaux, viennent ensuite et combien il en est qui prennent le corps humain comme logis et comme nourricier, les *vers*, divisés en *rotateurs*, *helminthes* et *annélides* et les *articulés* à plus de six membres, qui respirent par des branchies (*crustacés*), par des trachées ou poches d'air (*myriapodes* et *arachnides*), et à six membres ou *insectes*. Jusqu'ici, nous ne trouvions pas de vertèbres, d'os particuliers soutenant la charpente osseuse, et les INVERTÉBRÉS contiennent les animaux généralement les moins connus du grand public, mais les plus étudiés des naturalistes, parce que plus petits, plus faciles à trouver et à disséquer, plus séduisants pour la théorie de l'évolution qui, en effet, s'y saisit mieux, par de petites et faciles différenciations. Viennent ensuite les moins intéressants VERTÉBRÉS, avec les *Poissons*, les *Batraciens*, les *Reptiles*, les *Oiseaux*, les *Mammifères* qui comprennent l'homme.

3

Pour sommaire et aride qu'est l'exposé qui précède, il rend cependant compte de l'enchaînement zoologique établi par le XIXe siècle et basé tant sur l'examen des animaux que sur leur formation embryogénique.

***

L'*embryogénie* est une science fille de la zoologie et l'aidant dans ses conceptions philosophiques; c'est l'étude des variations de la cellule fécondée et s'apprêtant à donner naissance à un nouvel être. Cette science, qui est bien du XIXe siècle, encore presque du dernier quart, suit les modifications plus ou moins complexes de l'être selon sa place zoologique. Balbiani, Dareste, A.-F. Marion, Kowalesky et surtout Ernest Hæckel, d'Iéna, y ont marqué une place importante, et, le dernier, en a tiré de grands arguments évolutionnistes : tous les êtres, même élevés, en organisation, passeraient par les stades d'évolution cellulaire qui se trouvent chez les protozoaires, les cœlentérés..., selon l'ordre indiqué plus haut. L'œuf se segmente, se divise, forme ses feuillets, exoderme, mésoderme et entoderme, de la même façon chez un grand nombre d'animaux inférieurs où l'on a pu suivre les phénomènes de développement. Les animaux se reproduisent par un œuf chez les êtres déjà élevés en organisation, sinon, chez les êtres inférieurs, par bourgeonnement, gemniparité, division, scissiparité, parthénogénésie, métagénèse, alternance... Pour de Blainville, l'homme est un tube digestif retourné. Aussi l'atavisme et l'hé-

rédité, indiscutables pour ces savants, expli-
queraient un grand nombre de faits morpholo-
giques et physiologiques. L'*ontogénie* ou embryogénie générale suit l'œuf de son origine à
sa mort ; la *phylogénie* fait l'histoire des orga-
nismes même très complexes au cours des âges.
Et de faits nombreux, multiples, nous voyons
s'édifier la théorie de l'évolution, aujourd'hui si
vulgarisée, même dans la littérature... Nous avons
vu les idées des précurseurs, la filiation des animaux, voyons son extension actuelle. ...

Comment Cuvier a-t-il opéré son classement
animal, véritable révolution scientifique, pour
l'époque ? Comment choisir les caractères distin-
tifs et reconnaître leur importance ? Il ne s'agit
pas, en effet, d'une classification artificielle comme l'avait fait Linné pour les plantes dont il
comptait le nombre d'étamines ; il fallait apprécier la valeur des caractères. Cuvier a d'abord
posé le principe de la subordination des caractères : « Les parties d'un être, dit-il, devant toutes
avoir une convenance mutuelle, il est tels traits
de conformation qui en excluent d'autres; il en
est qui, au contraire, en nécessitent. Quand on
connaît donc tels ou tels traits dans un être, on
peut calculer ceux qui coexistent avec ceux-là
ou ceux qui leur sont incompatibles. Les parties,
les propriétés ou les traits de conformation qui
ont le plus grand nombre de ces rapports d'in-
compatibilité ou d'existence avec d'autres, en
d'autres termes, qui exercent sur l'ensemble de
l'être l'influence la plus marquée, sont ce qu'on
appelle les *caractères dominateurs* ; les autres

sont des *caractères subordonnés*, il y en a ainsi de différents degrés.

D'autre part les organes correspondent à des formes déterminées ; les parties de l'animal étant faites les unes pour les autres, aucune d'elles ne peut varier sans que les autres n'aient un changement de même nature. C'est le principe de la *corrélation des formes* qui a permis à Cuvier avec quelques fragments de squelettes fossiles de déterminer la forme, la grandeur et la nature de l'animal. Les *conditions d'existence* dépendent aussi de la forme, celle-ci étant disposée pour la vie en un milieu déterminé. Etienne Geoffroy-Saint-Hilaire (1) admettait l'*unité du plan de composition* avec une sorte de *balancement organique* permettant à un organe plus utilisé de se développer davantage aux dépens des parties voisines qui s'atrophieraient.

A côté de Geoffroy-Saint-Hilaire et de Cuvier, dont la lutte scientifique eut, vers 1830, un immense retentissement, il faut citer leur aîné, Lamarck, qui dès 1802, nous l'avons vu, posait une théorie toute différente, passant alors inaperçue, pour prendre aujourd'hui une place prépondérante. Cuvier admettait l'immutabilité des espèces ; Geoffroy, la variation de divers types complexes de début ; Lamarck allait plus loin et voulait que les premiers êtres eussent été simples, formés par génération spontanée, soit directement, soit dans le corps d'autres animaux, avec

---

(1) Geoffroy-Saint-Hilaire, né à Etampes le 15 avril 1772, mort à Paris le 19 juin 1844.

une extrême lenteur. Ces êtres évoluant ont produit peu à peu des descendants très différents d'eux. La classification naturelle devient alors l'arbre généalogique déjà indiqué comme adopté à l'heure présente par tous les naturalistes, tous devenus évolutionnistes, et indiquant la filiation et la parenté des animaux.

★★

Charles Darwin a bien revendiqué pour son père les principes de Lamarck. Pour M. de Quatrefages déjà cité, les idées d'Erasme Darwin sont fort diffuses, non appuyées d'exemples, alors que Lamarck, autrement clair, a réellement fondé sans conteste la théorie du transformisme. Bory de Saint-Vincent, zoologiste, et Charles Naudin, botaniste, furent les disciples et les continuateurs français de Lamarck. La théorie de l'évolution a, dans les sciences biologiques, l'importance de la théorie des atomes en chimie ; elle a permis de trouver des organes, des traces de fonctions, des parentés insoupçonnées. Le vulgarisateur sagace et profond en fut Darwin qui, en 1859, en son *Origine des espèces*, expliqua les rapports réciproques des êtres vivants par des notions et des hypothèses qui ont été appliquées ensuite à l'espèce humaine. *C'est la lutte pour l'existence* et la *sélection naturelle* qui en sont la conséquence.

Dans une région déterminée, il n'y a pour les animaux d'une espèce donnée qu'une quantité limitée d'aliments. Tant que la nourriture consommée sera inférieure à la quantité de vivres existants, la subsistance est assurée pour tous, les individus se multiplient. C'est la théorie de Malthus sur la procréation humaine qui implique la restriction démontrant que les êtres croissant en progression géométrique, les ressources n'augmentent qu'en progression arithmétique. A un moment donné, la quantité d'aliments est insuffisante, d'où une lutte chez les animaux où les plus forts triomphent.

Les variations individuelles pendant la première période étaient insignifiantes, mais elles s'accentuent et ont une grande importance pendant *la lutte pour la vie*, et l'avantage qui reste aux mieux armés leur assure, par le fait de leur force plus grande, une survie et une hérédité meilleure. Les individus les plus forts s'accouplent, se reproduisent et lèguent à leurs descendants leurs propres qualités que ceux-ci sont obligés d'accroître encore. La *sélection naturelle* se fait ainsi, les plus faibles succombent et disparaissent.

En des milieux différents, par suite de ces modifications, la même race initiale a pu se modifier différemment et produire des descendants tout à fait dissemblables.

***

L'évolution ne se localise pas à l'animal, on l'a étendue avec raison même à la *botanique*, au végétal, que l'anatomiste sait maintenant disséquer, scruter au microscope, ne se contentant plus d'en décrire les caractères extérieurs, mais en voulant, comme de l'animal, connaître la nature intime, les fonctions.

Le mot « évolution » créé par la science est, comme elle, dans tout, partout. Il semble receler l'explication de toutes choses, la loi universelle régissant les êtres et les choses.

C'est simplement la tendance au mieux, au progrès, la *perfectibilité* qui implique une amélioration incessante, un changement continu dans les êtres et dans les choses. En effet, rien n'est immuable. Tout varie, mue et change, est en *évolution*, en marche incessante vers le mieux, sauf à s'arrêter en un certain degré de son ascension, à se laisser descendre, voire à disparaître.

La pierre, l'inerte minéral, le granit, enfin ces matériaux si complexes qu'étudient en leur origine la *géologie* et en leur constitution cristallographique et chimique la *minéralogie*, et qui souvent même semblent défier le temps, pour nous, témoins quasi vivants des âges disparus, ces matériaux du globe sont plus lents en leur mutabilité, mais eux non plus ne cessent pas d'être soumis à la grande loi transformatrice de l'univers et des mondes ! Les agents atmosphériques, soleil, pluie, vents, chaleur, lumière, électricité se chargent peu à peu de les altérer, de les effriter, de les corroder, de les transformer, d'en changer la nature chimique et de les détruire à la longue. Et en dehors de ces changements sans cesse renouvelés et qui se laissent enfin voir, qui s'accusent à la longue, ne peut-on constater les variations momentanées. La pierre qui, sous l'ondée bienfaisante rafraîchissant la nature, se

couvre de gouttelettes d'eau, ne les abandonnera-
t-elle pas tout à l'heure sous l'action calorifique
de l'astre du jour ? Elle a, en ce cas, varié sans
altération visible ou tangible, mais elle a varié.
Puis la gouttelette d'eau s'est infiltrée, a rejoint
ses congénères, a formé à l'air libre ou souter-
rain des lacs, des rivières, des fleuves ; née de
la pluie ou de la fonte des neiges et des glaciers,
l'eau est allée au loin en torrents, en fleuves
momentanément absorbés, en canaux... et la
science en a déterminé l'origine et la marche. En
géologie médicale, la fluorescéine, puissant colo-
rant, montre de lointaines communications et
l'éloigné... voisinage des sources dangereuses
pour la santé publique...

La *minéralogie* et les formes des corps (Haüy,
Bravais, Mollard, Pasteur), a vu, au microscope,
se révéler la structure intime des roches géologiques coupées en lames minces, c'est la *pétro-
graphie* (Fouqué et Michel Lévy).

Le feu central du globe terrestre ou tout au
moins sous-jacent à l'écorce, maintenant d'existence discutée, sert encore à expliquer les disloca-
tions du sol, les tremblements de terre, les
volcans, à établir les relations des chaînes de
montagnes,...

Rien n'est stable, pas même la matière, qui cependant tend toujours à se rapprocher de l'équilibre sans l'atteindre jamais. Notre globe éteint
roule dans l'espace après y avoir été un soleil
resplendissant, une étoile brillante et incandes-
cente ; la terre s'est peu à peu refroidie, couverte
de liquides variés, puis d'une écorce solide,

minérale, qui, à son tour, a continué d'être sou-
mise à l'évolution, à la transformation ; ses
plantes et ses animaux plusieurs fois engloutis
en de gigantesques cataclysmes nous ont fourni
le plus beau livre historique de notre globe,
que les géologues n'ont su que récemment
déchiffrer.

C'est en étudiant la *géologie*, c'est-à-dire notre
globe ancien et moderne, que la *paléontologie*
naquit. Si l'on reconstituait ainsi l'histoire du
passé, on acquerrait aussi la nette vision de l'avenir et la certitude très lointaine de la terre devenue globe éteint. La connaissance physico-chimique de la terre, de la mer, des volcans, des
tremblements de terre... nous a été révélée par le
xixe siècle, mais nous sommes toujours impuissants a en combattre les méfaits, voire à les prévenir, et l'éruption du mont Pelé à la Martinique,
en 1902, le prouvera à l'humanité du xxe siècle
effrayée ! On suit l'affaissement de certaines côtes
marines, la perte en certains points de l'élément
aquatique au profit du sol. La nature des roches
nous révèle encore... l'égalité... chimique du noir
charbon et de l'étincelant diamant, du terne sable et du violet quartz améthyste ! Les roches
sont éruptives ou sédimentaires, nées du feu et
de l'eau ; les bouleversements du sol les ont mé-
langées, inclinées, incurvées souvent en longues
bandes de terrains, et ainsi, les végétaux et animaux fossiles aidant, reconstitue-t-on leur âge
primaire, secondaire, tertiaire, quaternaire,
l'homme étant seulement apparu à l'époque des
glaciers géants ou quaternaires.

La notion de *causalité* est l'élément scientifique et philosophique constamment recherché par les observateurs ; l'origine et la succession des êtres et des choses également : sciences et cosmogonies antiques sont relativement d'accord au XIX° siècle sur l'apparition successive des êtres à la surface du globe, bouleversements incessants du globe, déluges, tremblements de terre, submersion de vieilles cités comme l'Atlantide, apparition d'îles nouvelles... La vieille terre est en enfantement continuel. Ce globe naguère désert, igné d'abord, livré au fur et à mesure de son refroidissement à des vapeurs se liquéfiant, la proie, par suite, des éléments physico-chimiques, aucun être vivant n'y pouvant exister, si ce n'est ces monstres mythologiques pouvant vivre dans le feu ! Puis, la Vie s'est manifestée et développée avec une surprenante puissance. Flores et faunes apparaissent avec leurs caractères actuels, du moins celles qui ont subsisté et dont on retrouve les traces dans les couches du sol, dans les assises solides de l'écorce terrestre ; on trouve ainsi des époques, des âges différents que les géologues ont catalogués, classés et qui indiquent des époques différentes d'apparitions à la surface du globe. Plantes et animaux différents, dominant à tour de rôle, véritables protées se modifiant sans cesse à travers les âges, selon les lieux et les époques, constituant des types secondaires les reliant ensemble. Il en est d'identiques, de pareils, ou de légèrement modifiés en nombre immense à un moment donné, tous apparus comme subitement, se maintenant un certain

temps, puis déclinant et disparaissant. Voilà ces
formes enfouies et un jour retrouvées et étudiées
par suite de travaux publics les amenant à la
lumière. Au-dessus, sont apparus à leur tour des
éléments nouveaux qui reproduisant le même
cycle, évoluant, se multipliant, atteignant l'apogée, puis déclinant et disparaissant. Tel l'être
humain qui naît, croît, atteint un maximum de
vitalité et de forces, décroît ensuite et meurt.
Ainsi tous les êtres se transforment sans se répéter, se renouvellent et arrivent à la plante et à
l'animal actuel. Ces conceptions de la vie universelle se sont établies peu à peu et sont indiscutables et indiscutées aujourd'hui.

L'esprit de l'homme à qui ces données eussent
suffi jadis, les trouve insuffisantes aujourd'hui.
Plus les problèmes sont difficiles à résoudre,
plus ils l'attirent. Quoi de plus ardu que cette
question de ses origines, sur laquelle vraisemblablement il pourra discuter toujours ! D'où
viennent ces myriades de formes animées qui
ont peuplé, qui peuplent encore la terre, les airs
et les eaux ? Quelle est leur filiation ? Quels
sont leurs rapports avec le temps et l'espace ? A
quoi sont dues les ressemblances générales reliant tous les êtres et les différences cependant
radicales, profondes ou légères que l'on peut
saisir entre eux ? Que d'ouvrages sur ces questions avec des solutions élégantes, intéressantes,
sont au *Bilan scientifique du XIX* siècle !*

L'individu qui paraît le plus semblable à un
être qualifié d'identique, présente cependant
avec lui des différences sensibles. Leur évolution

est caractérisée par des traits propres à chacun d'eux. Réunit-on ces êtres aussi semblables que possible, on a l'*espèce*, « ce point de départ obligé de toutes les sciences naturelles, dit A. de Quatrefages, cette unité organique à laquelle reviennent sans cesse ceux-là mêmes qui en nient la réalité ! »

*

Et cette notion d'espèce amène un ensemble de questions passionnantes. L'espèce est-elle le fait d'une origine commune ou la conséquence d'un enchaînement de phénomènes ? Comment, entre des espèces voisines si semblables qu'on les peut confondre, concilier le fait d'une origine différente, la concordance étant due à de simples coïncidences, de vulgaires affinités ? La parenté physiologique est-elle fatale ? Les espèces les plus éloignées elles-mêmes ont-elles paru isolément, où ont-elles des ancêtres communs, possibles à rechercher, à trouver dans les temps zoologiques, à travers leurs multiples transformations ; et l'échelle organique précédemment donnée, est-elle réelle, indiscutable et sommes-nous reliés, par la génération spontanée, à la matière ?

La science admet donc deux origines à l'homme et à la nature : la science spiritualiste admet la Création, l'Être suprême, Dieu, la Providence ; la science matérialiste, avec l'éternité de la matière, sa spontanéité ou sa continuité d'évolution. Avec la première, l'homme est un être à part, supérieur à tout dans la nature, il constitue

le règne hominal des anciens naturalistes. Avec
le matérialisme, l'homme, plus modeste, est un
peu de matière un peu plus évoluée, un peu plus
perfectible. Avec les uns, deux substances, deux
natures, la matière et l'esprit ; avec les autres, un
seul agent vital à subtilités diverses.

L'*âme* est donc une chose abstraite et non dé-
finie. Avec le spiritualisme, à quelque religion
qu'il appartienne, il est ce que nous avons de
plus sacré, de plus idéal ; avec le matérialisme,
c'est le néant, l'abstraction, la pensée vague et
indéfinie d'un objet discuté, non seulement dans
son essence, mais dans son existence même.
L'âme a été placée un peu partout, en le corps
humain ; Descartes la plaçait dans le cerveau,
dans la glande pinéale. Le système nerveux est
la substance matérielle affinée, le substratum
des facultés mentales de ce qui est ou tient lieu
de l'âme. Et si l'on admet l'évolution en toutes
ses conséquences, l'évolution en son sens non
plus absolu, mais voulu par les matérialistes, on
doit admettre la transformation de la matière inanimée en une substance vitale amorphe, primor-
diale qui, à son tour, donnera le végétal ou
l'animal. Le minéral inerte deviendrait animé et
se reproduirait alors. Sans vouloir ici entrer en
des détails qui ont aussi bien leur place en le
chapitre suivant, il nous faut cependant parler
quelque peu de l'évolution du système nerveux.

La substance vivante la plus simple, que l'on
crut d'abord être l'éphémère *Bathybius Hec-
kelii* trouvé au fond des mers et que l'on crut
être le chaînon spontané entre les substances

animée. et inanimée, serait celle qu'aurait créée
Butschli, d'Heidelberg, après Louis Lucas, en
son laboratoire. Elle fit grand bruit, il y a quelques années. Les occultistes affirment — et leur
place dans le mouvement, celui-ci pseudo-scien-
tifique du XIXᵉ siècle fut considérable — qu'il
avait été fait jadis par Van Helmont, Paracelse..,
mais, malgré ces dires, ils ne peuvent reproduire
la chose, essence de protoplasma ou celui-ci.

.Le protoplasma entouré d'une enveloppe,
ayant en son centre une partie plus tassée, plus
condensée appelée *noyau*, constitue, nous l'avons
vu, la *cellule vivante*. Nous ne sommes qu'un
amas, un agrégat, une colonie de ces cellules vi-
vantes. Mais si l'être est très élevé en organisation, ces cellules se divisent le travail, ont des
fonctions spéciales ; les unes prennent l'aliment,
d'autres le digèrent en l'assimilant ; il en est qui
servent à déplacer l'animal, d'autres qui servent
à penser... L'étude de cette partie de la biologie est la *physiologie*.

. Le système nerveux a les cellules les plus irri-
tables, les plus affinées, et même, en son sein,
toutes les cellules ne sont pas semblables ; il en
est de supérieures aux voisines, formant des
amas plus sensibles, des *ganglions*, d'autres ne
servent qu'à faire ou laisser passer l'impression
des voisines. Elles sont là côte à côte, contiguës
et non continues, comme on l'avait cru longtemps,
et émettant ou non des prolongements amœboïdes

qui les relient ou non, établissant des contacts
comme on fait en électricité, ou les supprimant à
volonté.

Du protoplasma primordial doué de toutes les
facultés, à cette affinité supérieure de la cellule
nerveuse humaine, il y a tous les acheminements,
toutes les transitions. La cellule-végétale, semblable à la cellule animale, s'est aussi différen-
ciée, spécialisée comme sa congénère. L'amibe
sait déjà discerner les éléments nutritifs de ceux
qui ne le sont pas et cette intelligence spéciale
évoluant, on comprend qu'on puisse atteindre
l'intelligence vraie, discutant, réfléchissant... Il
est vrai que niant à tort toute perfectibilité ou
mieux toute animité chez l'animal, les spiritualistes n'admettent que l'instinct aptitude fatale à
faire toujours et inéluctablement la même chose.
Cependant, l'âme des bêtes que l'on veut incom-
patible à l'heure actuelle n'a pas toujours été niée,
même par les Pères de l'Eglise. — Saint Thomas
accorde une âme aux bêtes, mais une âme
non immortelle. L'antiquité et l'Egypte ado-
raient les animaux... spirituellement immortels.
Puis Leibnitz, Bayle, Buffon admettent chez
l'animal une fraction d'âme ou tout au moins une
partie de ses facultés intellectuelles. Descartes,
Malebranche voyaient dans l'animal un mécanisme... Les travaux du XIX° siècle nous font
aujourd'hui paraître ces opinions comme antédi-
luviennes !

Les *Facultés mentales des animaux* sont indéniables (1), le doute n'est plus permis ; c'est encore aux conquêtes du XIX° siècle, qui mène à la douceur envers les animaux, à vouloir limiter scientifiquement la vivisection... Nous sommes en pleine *biologie*, la science sans limites, la science souveraine pour ses adeptes, et dont nous allons nous occuper.

---

(1) *Bibliothèque scientifique contemporaine*, 1890, D°
FOVEAU DE COURMELLES, 352 p. in-12.

Chapitre VI

BIOLOGIE ET MÉDECINE

La Vie universelle. — Pasteur, Cristallographie et Bactériologie. — Sciences connexes de la Biologie. — Physiologie et Claude Bernard. — Anthropologie. — Médecine et Chirurgie. — Hygiène. — L'entente pour la vie.

Comme son étymologie l'indique, la biologie est la science de la vie ; le mot, sinon la chose, a été créé à la fin du xixᵉ siècle. C'est aujourd'hui, disions-nous plus haut, en empiétant déjà sur elle, la science universelle et sans limites. Tout ressort en effet de la vie, même l'inerte minéral souvent dépouille de ce qui a vécu ou future enveloppe de ce qui vivra ! Elle veut expliquer actuellement tous les phénomènes sans Dieu ni âme ; elle imite l'astronome Laplace et supprime l'hypothèse du Créateur ! En le chapitre de la zoologie, nous l'avons vue s'appuyer de la description des formes animales ou morphologie, de l'*embryogénie* ou évolution de l'être avant sa vie propre, de la *psychologie animale* appuyée sur l'hérédité et l'atavisme (H. Milne Edwards, Ch. Darwin, H. Spencer, Edm. Perrier, H. Fabre, R. Wallace, J. Lubbock, Romanes..) C'est la religion de l'évolution, c'est

la science générale de Leibnitz où « n'entrerait
aucune conception métaphysique ou théologique
(Bourdeau) ». La nature entière repose sur une
conception unitaire, sur l'unité fondamentale de
la nature organique et inorganique. « En conséquence — dit Hœckel, d'Iéna, le continuateur de
Lamarck, d'Erasme et Ch. Darwin — nous regar-
dons toute la science humaine comme un seul
édifice de connaissances, nous repoussons la dis-
tinction habituelle entre la science de la nature et
celle de l'esprit. La seconde n'est qu'une partie
de la première ou réciproquement les deux n'en
font qu'une. » Ces affirmations reposent, bien
entendu, sur des faits scientifiques prouvés et
démontrés, acquis au XIX' siècle ; mais l'inter-
prétation en est-elle logique, irréfutable ? Oui,
disent les évolutionnistes. Non, disent maints
spiritualistes et notamment le professeur docteur
J. Grasset, de Montpellier, qui a essayé, lui,
d'établir *Les limites de la Biologie*. Auguste
Comte, Herbert Spencer, Le Dantec..., ont créé
le *positivisme*, le *monisme biologique*... On admet une intelligence en chaque organe, et
pas n'est besoin d'en trouver une spéciale en
l'ensemble. La vie aurait une pensée dirigeante
qui construit l'organisme et le défend, qui s'oppose aux influences perturbatrices avec une sorte
d'intelligence toujours en éveil !
La vie étudiée dans ses manifestations n'est, en
effet, le plus souvent qu'un ensemble de phénomènes physico-chimiques. D'Arsonval crée la
physique biologique et l'*électrophysiologie* ;
Marey, la *mécanique* des mouvements ; Georges

Ville, la *physique végétale* ; Armand Gautier, la
chimie biologique... La digestion est l'action électro-chimique de la salive, du suc gastrique et de
la bile sur les aliments amylacés, minéraux, al-
buminoïdes et gras ; on mesure la chaleur développée ou nécessaire à l'organisme humain et
animal pour tels ou tels aliments. Les mouvé-
ments de l'amibe nous permettent de comprendre ceux des cellules nerveuses et maintes analogies électriques expliquent divers phénomènes
vivants ou en montrent le théâtre, là cellule :
Ch. Robin, Ranvier, Math. Duval, Golgi, Ramon
y Cajal, Branly... Ces études sont souvent de
la *physiologie* où brillèrent Longet, Magendie,
Schiff, les Milne-Edwards, Claude Bernard et
ses disciples : Brown - Séquard, Paul Bert,
d'Arsonval, Flourens, Vulpian, Chauveau,
N. Gréhant, Dastre... Mais le grand maître de la
physiologie au xix° siècle reste Claude Bernard, l'esprit génial, aux vues synthétiques,
l'auteur de l'*Introduction à la médecine expérimentale* qui, dans les caves du Collège de
France alors lui servant de laboratoire, fit les
merveilleuses découvertes qui l'illustrèrent, et
dont la pléiade d'élèves dignes de lui continua
les travaux. Les sécrétions internes, le sucre
dans le foie, sont de lui.

*
* *

« Non seulement les pierres vivent, disait Car-
dan au xvi° siècle, mais elles souffrent la maladie, la vieillesse et la mort !» Nous sommes loin
de Pasteur trouvant Dieu sous son microscope,

mais que l'étude des formes cristallines, des divers acides gastriques... conduisit à l'étude des fer-
mentations, des maladies des vers à soie, des microbes.

Un contemporain, Thoulet, va plus loin dans
l'affirmation de l'intelligence... minérale! En
une leçon sur la vie des minéraux, il dit : « Le
cristal tout formé semble quelquefois se douter
qu'il existe un idéal, la symétrie parfaite, l'el-
lipsoïde du système cubique qui est une sphère ;
il le cherche, il s'en approche, et s'il ne peut y
parvenir, il triche, il joue la comédie, il se dé-
guise, tout comme parmi les hommes, plus d'un
s'efforce de jouer le personnage qu'il n'est pas.
Le minéralogiste s'en tirera ou ne s'en tirera pas ;
les petits cristaux savourent en silence leur gloire
usurpée et ne s'inquiètent guère du reste... »
Le professeur Bose, de Calcutta, en étudiant les
modifications électriques et conductrices des
minéraux, a pu assimiler ces transformations à celles des êtres vivants et ainsi expliquer leurs diverses structures. La *cristallographie*, science
datant d'Haüy et de la fin du XVIIIᵉ siècle, jusqu'ici branche de la *minéralogie*, devient ainsi
du domaine de la biologie. — Schrön a vu des
cristaux amputés se régénérer, donc vivre et
opérer comme le crustacé récupérant une patte
perdue. Mais est-ce là une biologie un peu fan-
taisiste... il ne le semble pas! Les angles et les
formes cristallines des corps paraissent, en effet,
soumis à des règles invariables dépendant de
leurs conditions de formation, lesquelles rentrent en la chimie qui fabrique, élabore le dia-

mànt, les pierres précieuses ou les corps inertes de moindre valeur, cristallins ou amorphes.

Pasteur, a-t-on souvent dit, aurait porté à la théorie de la génération spontanée, base des systèmes matérialistes, un coup redoutable, en démontrant que tout être vivant naît d'un autre être vivant ; mais le docteur de Lanessan a pu écrire aussi justement, qu'en se plaçant dans les conditions anormales du laboratoire, il n'y avait rien d'étonnant que la vie ne s'y produisît pas, mais que cela ne prouvait rien pour la nature.

Le nom de Pasteur nous amène à parler des microbes, des germes, des bacilles, remplaçant les appellations de germes du vieil Avicenné, de miasmes (Raspail), de virus (Jean Hameau), de bactéries (Davaine), de microzymas formés par la nature vivante elle-même (Béchamp, 1855). Toute une science biologique, la *bactériologie*, s'est fondée en les quinze dernières années du siècle dernier et la médecine est actuellement dominée par elle. C'est le plus bel exemple de la rapide diffusion et vulgarisation par les travaux de Duclaux, Villemin, Koch, Behring, Roux, Calmette, Yersin, Chamberland, Laveran, Metschnikoff... d'une théorie scientifique au XIXe siècle. Mais en médecine, on sait trop, depuis la saignée et Broussais, que le plus grand succès d'une méthode n'est pas toujours la garantie de sa durée ! Quoi qu'il en soit, on n'en est plus à « l'âge d'or » des théories pasteuriennes (Emile Picard), il faut s'occuper à la fois du microbe et du macrobe, du terrain vivant où évolue le bacille, et où, sa présence inconstante ou variable n'explique pas, seule, la maladie. Aussi les recherches *pour* ou *contre*, surtout *pour*, se multiplient, mais en même temps une opposition contre les théories microbiennes, trouvées trop absorbantes, s'élève et grandit De ces querelles, rappelant la lutte scientifique de Galvani et de Volta, sortira-t-il d'aussi grandes découvertes ?... Le microbe sécrète son poison et son contre-poison (Behring) ; pour d'autres, l'organisme sécrète ses « humeurs », d'antan, des ferments solubles, des microzymas ou des bases, ptomaïnes et leucomaïnes (Armand Gautier, Ch. Bouchard) opposées, comme noms, aux toxines et antitoxines de « l'Institut Pasteur » créé par l'admiration du public.

La *morale* est biologique, car « le mal, dit le physiologiste Charles Richet, est la douleur des autres ». « L'évolution conduit à la morale du plaisir et de l'intérêt » (Herbert Spencer...).

La *psychologie* et la biologie sont appelées à se fondre (A. Giard, Le Dantec, Sergi, Spencer...).

L'*esthétique* constituée par les arts et la littérature, étudie ou représente ces états d'âme ; elle en provoque elle-même ; c'est donc encore du domaine de la biologie. Le naturalisme en littérature est dérivé de l'amour et de l'observation du vrai.

Les *sciences sociales*, l'hygiène, l'économie politique et la politique s'imprègnent de science, mais ne sont pas des sciences, leurs faits n'ont de valeur que selon les milieux et les époques où ils se sont produits ; c'est pour cela que les enseignements de l'histoire sont si peu suivis, c'est pourquoi l'expérience reste une chose personnelle et non transmissible. *L'histoire* s'est, certes, pénétrée de la biologie en étudiant certaines causes physiologiques et pathologiques dans la vie des meneurs de peuples et ayant produit parfois de grands effets (Lemontey, Michelet, Cabanès...)

Les *mathématiques* sont même biologiques si nous admettons que les axiomes primordiaux, comme tout, ne pénètrent en notre intelligence que vus et perçus par nos sens (Descartes).

La *logique* dépend d'un état mental déterminé, sain ou morbide, et par suite relevant du biologiste, de l'aliéniste qui le doit étudier.

La *métaphysique* et la *théologie* rentreraient dans le même cadre que la logique ou mieux n'existeraient pas...

Toutes ces affirmations que leurs auteurs, des physiologistes pour la plupart voués à l'étude des phénomènes vitaux, étayent de faits, se voient opposer d'autres faits par le Dr J. Grasset.

La *physiologie* est une branche de la zoologie, comme l'*anthropologie* ou science de l'homme, de ses races, de son évolution, c'est aussi une conquête du xixe siècle. C'est la science de l'homme, et, bien que, ou parce que le règne des *primates* de Cuvier n'existe plus, que les doctrines anthropocentriques ne sont plus de mise, l'homme a été plus étudié que jamais dans ses rapports avec la nature. *Anthropologie* et *physiologie* s'entr'aident. C'est la physiologie qui a

démontré le rôle des circonvolutions cérébrales,
et les localisations, la possibilité des ordres en-
voyés du cerveau à l'organisme ; elle s'est
appuyée souvent vainement et cruellement sur la
vivisection, bien combattue à la fin du siècle : la
clinique des accidents, des heurts, des trauma-
tismes... étudié les malades pour toujours par-
faire ou refaire la physiologie.

Pour envoyer aux diverses régions de l'organisme des ordres émanant de tel ou tel point de
l'encéphale, les organes des sens, vue, toucher,
odorat, ouïe, goût, appareils enregistreurs de
physique et construits comme tels, communi-
quant avec le récepteur central, le cerveau, ont
souvent donné des sensations qui se sont réper-
cutées en actes. C'est par la dissection de l'homme
et des animaux que des connaissances plus précises nous sont possibles. Il a même fallu à un
grand nombre de faits nouveaux un langage spécial. Le xıx° siècle a voulu se connaître lui-
même, et il est merveilleux de suivre l'épopée
scientifique de la physique, de la chimie, de la
mécanique, de la psychologie — du renouveau
même de l'hypnotisme, du magnétisme, de l'oc-
cultisme — venant collaborer à l'œuvre gigantesque de la physiologie, qu'elle soit anthropolo-
gique ou zoologique.

Combien fort et combien fragile est l'homme !
Quelle volonté indomptable il a, en l'état de
santé, mais qu'une veine friable de son cerveau
s'ouvre, qu'un caillot sanguin comprime le voisinage en l'encéphale, et le voilà anéanti, mort-
vivant. Cependant, la résorption pourra se

faire et la science rendra souvent à la vie ce cadavre ambulant ! La connaissance des causes a
indiqué quelques remèdes.

Les hallucinations sont des sensations morbides d'un cerveau malsain, et la connaissance de
l'aliénation mentale est de la biologie.

La mémoire et la volonté ou tout au moins
leurs manifestations peuvent disparaître par les
lésions de la couche grise corticale des circonvolutions cérébrales, par certains troubles connus
du cerveau. On a remarqué ses habitudes analogues à celles des membres, ses cellules vibrent
presque toujours d'une certaine manière, accu-
mulant des sensations et des idées et les pouvant
émettre à un moment donné. Tel l'accumulateur
électrique restitue l'énergie accumulée ; telle la
plaque phosphorescente impressionnée par la
lumière la peut émettre un certain temps ; tel
encore l'infusoire ou le rotifère (Doyère), en apparence de mort, peut revenir à la vie, quand on le
remet dans ses conditions d'existence. Aussi
ces connaissances biologiques servent en philosophie à expliquer la mémoire par la *revivis-
cence*, la *phosphorescence*, des cellules organi-
niques (J. Luys).

Le cervelet, le liquide encéphalo-rachidien, la
moelle, les nerfs ont également, pour la plupart,
leurs fonctions connues.

Le poids du cerveau n'est plus un élément suffisant pour apprécier l'intelligence, il y faut la
qualité et celle-ci ne peut encore, sur le cadavre,
être décelée par la science, au moins d'une façon
absolue. Maints hommes de génie ont eu des

cerveaux légers et atrophiés, et la femme est à
ce point de vue l'égale de l'homme. L'*anthropologie* est venue prêter à la cause féministe son
appoint et ses travaux. Le *féminisme* est donc d'i
XIX° siècle et d'ordre scientifique. Mais que
d'exceptions remettant souvent tout en question,
et la loi du travail pèse constamment — combien
douce! — sur l'homme qui ne peut arriver à la
connaissance absolue, tout en s'en approchant
asymptotiquement !

A côté des organes dirigés par la volonté et le
cerveau, combien d'autres lui échappent, ayant
cette sorte d'intelligence obscure dont nous
avons déjà parlé, et ayant des ganglions nerveux, un de chaque côté pour chaque vertèbre
et formant le grand sympathique ; ouvriers obscurs, ces amas de substance nerveuse ne se
perçoivent que pour des organes surmenés et
malades ; en l'état de santé, on ne perçoit point
ce *cerveau abdominal* de Bichat, l'un des plus
grands savants, mort jeune, du XIX° siècle.

Nous trouvons la *mécanique* et la théorie des
leviers en physiologie, notre tête tout en équilibre sur la colonne vertébrale comme un corps
pesant quelconque ; nous marchons, nous nous
penchons de façon réglée, malgré nous en quelque sorte, puisque nous nous y soumettons inconsciemment et par l'apprentissage de l'enfance! Nous sommes des machines, encore une
découverte irrespectueuse du siècle dernier, et
nous nous en consolons en sachant ce qui est
vrai, que la machine vivante est la meilleure
et celle au meilleur rendement. La *chronophoto-*

graphie, la photographie animée, instantanée, répétée et multipliée se déroulant, enregistre et reproduit le mouvement ; en la zoologie, par la traumatropie, la cinétoscopie, la cinématographie, cette science s'applique à la physiologie, au théâtre, à l'instruction et au plaisir.

Le sang, la salive, le suc gastrique, l'urine, tout a révélé au physio-chimiste ses secrets, sa nature, sa composition; aussi y peut on venir en aide, en temps opportun, et la médecine est surtout devenue biologique. La *toxicologie* avec Orfila, Tardieu, P. Brouardel y sait retrouver les poisons et reconnaître les tentatives criminelles.

***

L'anthropologie ne s'est pas bornée à peser le cerveau, à en étudier les fonctions, à constater avec Broca que la troisième circonvolution frontale gauche, parfois mais rarement la droite, était le siège de notre si complexe langage — langages parlés et écrit, compréhension et émission des signes verbaux ou figurés — mais elle a voulu en connaître les origines.

Chez l'homme, l'évolution du langage s'est faite lentement. Au début, de petits cris imitatifs comme chez les animaux — ceux-ci même auraient été au XIXᵉ siècle étudiés et notés — ont été reproduits. L'organe vocal est alors devenu plus souple, et les sons se sont augmentés en nombre. L'échange de ces sons équivalant à des idées a accru le fonds intellectuel d'abord fort simple de l'humanité ; les faits ont été alors vus,

enregistrés, transmis et le langage s'est considé-
rablement accru, et la science notamment nous
en fournit tous les jours, depuis plus d'un siècle,
les éléments. De la tradition qui en a fait d'abord
tous les frais, nous avons une évolution linguis-
tique à suivre qui a fait créer la *philologie*, et
qui pour être d'aspect littéraire, n'en ressortit pas
moins quelque peu à l'anthropologie. Puis la recherche des causes dont nous avons déjà parlé
s'est imposée ; l'homme a voulu savoir d'où il
venait, ce qu'il était, où il allait. Et cette possibilité de se poser ces questions, de remonter aux
causes premières, suffit pour maints naturalistes
à différencier l'homme de l'animal qui, affirme-
t-on, ne peut ni ne pense à s'interroger en ce
domaine ! Les comparaisons géologiques et
paléontologiques, l'histoire générale des êtres vivants qui a été déchiffrée dans les fossiles enfouis
en le sol depuis des milliers d'années, sont venues éclairer la genèse humaine.

La *géologie* et mieux la *paléontologie* fournissent maints éléments d'appréciation par l'apparition successive des êtres de plus en plus
complexes au fur et à mesure qu'on se rappro-
chait de nous.

Les organes apparaissaient et les sens se per-
fectionnaient par l'usage.

La vie de ces époques reculées, végétale et
animale, est suivie, comprise, par ses moulages
dans les terrains, ses enveloppes calcifiées, fos-
silisées ou substituées au sol voisin. Des animaux gigantesques, des fougères arbores-
centes sont trouvées dans la houille bien avant

l'homme. Cet être, alors très inférieur, diffère peu du singe supérieur ou anthropoïde. N'a-t-on pas retrouvé le crâne de Néanderthal , l'an-thropopithèque, le *Pithecanthropus erectus*, ce dernier au seuil du xxᵉ siècle ?

L'individu se différencie cependant d'un autre individu par des caractères *individuels*, moins complexes que ceux qui le distinguent de l'es-pèce voisine et qui sont des caractères *spécifiques*, communs à ceux d'une même espèce.

La taille, la couleur des yeux, celle de la barbe et des cheveux, celle même de la peau, la forme du nez, la grandeur de la bouche, la grosseur des lèvres, le mode d'implantation des dents, l'abondance, la forme et la disposition des poils varient d'un homme à un autre... Les caractères qui permettent de distinguer le Méridional de l'homme du Nord, l'Anglo-Saxon du Latin, sont plus accentués encore avec les races, la race étant due à la lente transfor-mation de nombreuses individualités placées en les mêmes conditions de climat, de température, avec même des différences lo-cales, en de petites étendues territoriales dé-terminées, constituant des patries ou des nations diverses.

Tout en montrant ces différences, tout en ha-bituant l'œil à voir, est-ce que pour le blanc qui voit des nègres pour la première fois il existe des différences individuelles ? Tous lui paraissent d'abord semblables et l'habitude seule lui permet même inconsciemment, de discerner les indi-vidus. La science montre l'égalité des êtres et des peuples, crée l'idée d'*internationalisme*, la suppression des genres.

Les habitants de l'Afrique tropicale ont la peau noire, les cheveux crépus, le nez épaté, les dents implantées obliquement dans les mâchoires, les lèvres grosses et saillantes : on dit qu'il appartiennent à la race noire ou nègre. Les Chinois, les Japonais et quelques autres peuples de l'Asie, ont la peau jaune, les cheveux noirs et droits, la barbe rare, le nez court et large, les paupières obliquement fendues, ils appartiennent à une race distincte, la race mongolique ou *race jaune*. Notre race a la peau blanche et brune ; les cheveux y varient du blond au noir, droits ou frisés ; la barbe est généralement abondante ; le nez saillant souvent mince et busqué ; c'est la race dite *blanche* en raison de la peau claire de la plupart de ses membres ou *caucasique*, parce qu'on la suppose originaire du Caucase. Et cependant, en notre pays même, nous aurons des différences, car on trouve le Celte, le Gaulois, le Ligure, le Normand, le Romain.

La disparité physique et mentale de ces races humaines — d'après M. François Souffret, de Namur — serait démontrée et ce fait qui détruit l'unité de création s'accuse encore par ceux-ci : les mélanges entre les races diverses, en effet, qui ne donnent que momentanément des types intermédiaires, des *variétés* de l'espèce humaine, variétés qui disparaissent fatalement, permettent cependant à l'anthropologiste, à l'anthropologiste évolutionniste (Capitan, Mahouvrier, Laborde, de Mortillet...), qui a laissé le xix° siècle finissant,

de suivre notre histoire, d'étudier les relations
des climats et des habitants ou *ethnographie*,
science également nouvelle. La photographie,
par sa reproduction de tout et de tous, rend à
distance ces sciences faciles et possibles.

Le cerveau aux diverses époques de l'histoire
n'a pas été identique ; celui des catacombes s'est
moins développé que le contemporain. On y
trouve aussi des altérations diverses ; les défor-
mations crâniennes sont rencontrées aussi chez
divers peuples ; elles sont parfois artificielles et
voulues, tenant à des habitudes locales, à ce
préjugé qui veut que soit malléable la tête de
l'enfant à sa naissance. On a trouvé dans la Co-
lombie anglaise des têtes où le front déprimé
fait développer latéralement le crâne raccourci
par une forte pression sur la région du lambda
et plus au-dessous encore, ou par une compression combinée du frontal, de l'occipital et des
pariétaux. Les angles formés par les divers os
ont constitué des *indices* permettant d'apprécier
l'évolution individuelle, actuelle ou préhistorique.

L'anthropologie criminelle (Lombroso) et
l'*anthropométrie* utilisent tous ces signes, voire
les dimensions et les formes du nez, des oreilles,
des mentons, les empreintes des doigts, les lignes
de la main (Alph. Bertillon, Galton), pour deviner ou reconnaître les criminels, ce qui en
découle naturellement. Les manifestations vo-
lontaires ou l'écriture, involontaires ou lignes de
la main, les formes du visage, étudient et aspi-
rent à être des sciences (*graphologie, chiroman-
cie, phrénologie*, avec l'abbé Michon, Desba-

rolles, Gall, Lavater), en sont même, disent
certains.

Que de termes nouveaux, de classements d'efforts, sinon toujours de réalités, répondant à des
connaissances insoupçonnées ou encore em-
bryonnaires, mais fécondes en promesses. Nous
ne pouvons évidemment faire pour toutes les
sciences ce que nous faisons pour la biologie et
ses annexes ou dérivées, mais en raison de son
importance, nous avons cru devoir y insister.

**

La *médecine* et la *chirurgie* ressortissent au
premier chef à la biologie.

La médecine proprement dite est apparue avec
la vie, avec l'usure des organes, avec l'affection
ou la nécessité, le désir de soulager ou le besoin
de se conserver une protection, un secours per-
manent. L'humanité et son cortège de maux ont
fait ensemble leur apparition dans le monde.
L'animalité n'est pas exempte de misères, et
elle connaît la maladie, la mort, voire même le
médecin.

L'art de soigner les malades fut, comme cette
désignation l'indique, une branche des connaissances humaines que chacun comprenait à sa
façon, l'appliquant diversement, souvent avec
succès, la nature a tant de ressorts, et le Destin
quelque 'enveillance... parfois! Et la mort, ter-
rassée, reculait... et paraissait, le sauveur, doué
de pouvoirs mystérieux. Aussi fut-il tout d'abord
d'ordre religieux, exercé par les prêtres, ensei-
gné par eux, et il paraît en avoir gardé quelque

peu l'aspect dogmatique et sacerdotal. Avec les progrès de ce dernier quart de siècle, l'ordre scientifique règne en médecine et on tend à faire de celle-ci, à tort, une science purement expérimentale, au lieu de la science d'observation, de clinique et d'intuition qu'elle doit être.

Prescrire un médicament, et, selon le résultat, en déduire l'action bonne ou mauvaise — car la physiologie ou l'étude sur l'animal sain en des conditions différentes de l'homme, ne peut que guider, mais non diriger, comme elle le prétend — *Post hoc, ergo propter hoc*, et des statistiques, voilà le plus souvent les éléments d'appréciation thérapeutique. De simples coïncidences ne peuvent-elles être prises pour des causes? Les statistiques permettent d'établir de grandes probabilités sur le mode d'action de telle ou telle substance thérapeutique. Seuls, quelques agents physiques, qui réagissent immédiatement sur l'organisme, ont une vérification immédiate, possible, de leur influence curative. Mais les grands progrès de la médecine au xix° siècle tiennent à l'appui qu'elle a bien voulu prendre — parfois trop prendre — en les sciences habituellement qualifiées à la Faculté d'*accessoires* et si longtemps dédaignées.

Une réaction contre les médicaments ordinaires et pris par la bouche, s'est faite à la fin du xix° siècle. On les prend alors sous la peau (*hypodermie* et seringue de Pravaz), électriquement (bi-électrolyse et Foveau de Courmelles). On a beau avoir le règne minéral si peuplé de médicaments, — dont un grand nombre aujourd'hui

4

extraits des fameux goudrons de houille et venus
d'Allemagne, — le règne végétal, les simples, dont
on a extrait les principes actifs, les alcaloïdes,
poisons curatifs énergiques, le règne animal avec
quelques agents simples, on revient à celui-ci et
au moyen âge. Les thérapeutes du passé croyaient
à la forme des plantes pour indiquer leur usage
guérissant, à la transmutation des organes in-
gérés pour agir plus efficacement sur les organes
similaires. Brown Séquard rénova — ce qui fut
appelé irrespectueusement et cependant donna
en certains cas d'excellents résultats — la « triperie
organique » (F. Brémond). Il vanta pour renou-
veler la fontaine de Jouvence et ses merveilles
d'éternelle jeunesse, l'ingestion ou l'injection
d'organes reproducteurs d'animaux, ce que font,
paraît-il, sous une autre forme, les toréadors qui
ingèrent ceux des taureaux sacrifiés. Contre
le paludisme, il conseilla de manger de la rate.
Contre le goître, le myxœdème, l'obésité, le
corps thyroïde pris avec précautions donne de
bons résultats. Le XIX° siècle vit donc une rénovation scientifique d'anciennes coutumes. On fit
plus, on trouva que les injections sous la peau de
ces produits agissaient plus et plus vite (*hypodermie*). Ce n'est plus ici de l'*allopathie* aux
agents contraires, de l'*homéopathie* aux semblables : telles, toutes les injections bactériennes dérivées des idées de Pasteur et qui, pour vacciner
des maladies à leur début ou encore inexistantes,
inocule dans le sang le poison même de ces
maladies ; de l'*électro-homéopathie*, c'est, plus,
l'*isopathie* ainsi que l'a formulée en un corps de

doctrine le docteur Collet, dominicain. (Signalons en passant que, rois, clergé, noblesse sont captivés par la science et la médecine, et que beaucoup la font progresser). Plus que le maître, certains disciples préconisent l'ingestion des larmes prises sur les personnes malades ou sur autrui et diluées, et l'instillation dans les yeux, pour guérir les affections oculaires ; la dilution de la sécrétion diphtéritique de l'angine couenneuse contre celle-ci ; le pus d'un ulcère variqueux pour le faire fermer ; voilà l'*isopathie* signalée ici plutôt par curiosité scientifique, car cela n'a rien de commun avec le *pasteurisme* qui isole, stérilise, transforme, cultive les principes morbides eux-mêmes.

Faire reparaître des méthodes réactionnaires, la médecine est coutumière. La saignée, le vésicatoire à la mode au commencement du XIXe siècle, comme les microbes et les pratiques séro-bacillothérapiques à la fin, ont encore à l'heure présente parmi « les princes de la science » d'acharnés défenseurs. On croit, surtout à la fin du XIXe siècle, à l'expérimentation sur les animaux cependant si dissemblables de l'homme et aux infiniment petits comme causes de tous nos maux, sans assez se préoccuper de l'alcoolisme, de nos excès, des agents météoriques. C'est le docteur Maillot qui remplace dès 1835, en Algérie, la saignée par le sulfate de quinine dans la fièvre et nous sauva, disait Verneuil, cette colonie.

L'esprit clinique des Corvisart, des Piorry, des Bretonneau, des Trousseau, des Lasègue, des Peter,.. est en baisse en faveur des recherches de

laboratoire ; on oublie un peu qu' « il n'y a pas
des maladies, mais des malades » (Peter).

On a également étudié l'influence des couleurs
et de la lumière sur les nerveux, les maladies
infectieuses, les tuberculoses... (*Chromothérapie*,
Foveau de Courmelles, 1890 ; Lahmann, 1893 ;
Finsen, 1895; Camille Flammarion et vers à soie,
1898) ; des sons et de la musique renouvelant vis-
à-vis du système nerveux les prouesses d'Orphée
sur les reptiles (*musicothérapie*, de Tarchanow),
des mouvements (*sismo* ou *vibrothérapie*), de la
chaleur (*thermothérapie*), de l'électricité sous ses
formes multiples et variées (*électrothérapie* et
Duchenne de Boulogne, A. Tripier, Ciniselli,
Apostoli, Foveau de Courmelles,...)

Les méthodes d'examen se sont multipliées, on
a l'*auscultation* de Laennec qui, par l'audition
des organes, et avec la palpation, la percussion,
en révèle l'état et dont est dérivée la récente
phonendoscopie (Bianchi).

La photographie révèle la marche comparative
d'une affection morbide ou la décèle, alors que
la vue est impuissante (taches sur la plaque sensible par éruptions...), reproduit les germes micro-
graphiques,...

Les rayons X permettent de voir et d'enregistrer l'état des organes (Rœntgen). Le volume des
poumons ou d'autres organes se mesure ; de
même la force musculaire, la contractilité, la
sensibilité...

L'ingestion de diverses substances révèle par
l'analyse du suc gastrique ou des urines, l'état
de l'estomac ou la perméabilité rénale... La méde-

cine est sans conteste, en possession de moyens
extraordinaires d'examen, d'où ses succès, ses
dénominations de maladies en apparence nouvelles, mais non diagnostiquées jadis. La folie est
soignée et non traitée en crime ou en possession
du démon, la douceur remplace la violence et les
chaînes d'antan (Pinel, Esquirol, Baillarger,
Luys, Falret) ; l'hystérie et l'épilepsie sont
connues et aussi parfois guéries (Charcot,
Bernheim) ; l'idiotie fait souvent place à la raison
ou à l'utilisation sociale de l'être (Bourneville).

Les guérisons médicales ne sont certes pas
sensationnelles, aussi quand le malade guérit,
quand sa nutrition ralentie (Ch. Bouchard) se
remonte; que sa moelle irritée, se calme, s'al-
longe (Charcot) ; la combustion s'active (haute
fréquence, d'Arsonval).. attribue-t-on à la nature,
la cure qui s'est faite lentement, d'une façon incessante, comme s'était faite la lésion qui l'a
motivée, et malgré les progrès des autopsies, de
l'*anatomie pathologique* qui révèle bien la possible et fréquente guérison de la meurtrière tuberculose, on nie encore souvent pour le malade
l'efficacité de la thérapeutique. La chirurgie, elle,
opère brusquement, elle enlève le mal... et tout
ou partie de l'organe où il siégeait, cela se voit,
est sensationnel, aussi tout le monde de dire et de
répéter : « La chirurgie seule a fait des progrès.»
Mais, comme en médecine, on y trouve l'influence
de la mode; à de certains organes à fonctions
énigmatiques ou non indispensables, plus ou
moins gênants, on peut parodier ce que l'on répète

à chaque nouveau médicament : « Faites-vous opérer pendant que cela guérit. »

Avec l'*anesthésie*, la suppression de la douleur par l'éther, le chloroforme, le protoxyde d'azote, la cocaïne, le chlorure d'éthyle (Morton 1846, Horace Wels...), l'*antisepsie*, l'alcool (1), l'acide phénique (Déclat, Pasteur, puis Lister...), le sublimé,... l'*antisepsie*, disons-nous, ou mieux l'*asepsie*, la propreté, ont donné à la chirurgie toutes les audaces, et de nombreux succès. Il reste d'ailleurs convenu que l'opération réussit très bien, que les suites seules sont dangereuses. Anesthésie et antisepsie permirent une sorte de fureur opératoire qui précéda de peu d'années la fin du XIX° siècle, mais ne l'atteignit pas ; cet enthousiasme fort légitime a fait place à un juste équilibre. La première ovariotomie avait été faite en France bien longtemps avant d'être à la mode par Woycikowsky à Quingey, Doubs, le 28 avril 1844 ; cette opération s'est restreinte par suite des désordres nerveux qui parfois la suivent.

L'*art dentaire* ou odontologie, stomatologie, bénéficie à la fois de la médecine et de la chirurgie; il fait des merveilles, restaurant la bouche, le nez, le palais, les maxillaires, il rend ou conserve à la bouche ses claviers d'ivoire ; il remplace

---

(1) L'alcool est employé en chirurgie depuis Guy de Chauliac en 1363 ; Ambroise Paré l'adopta, il fut continué jusqu'à la Révolution. Percy et Larrey le combattirent. Lestoquoy (1840), Déclat (1860) (alcool phéniqué), Bataille et Guillet (1859), Nélaton et Dionis (1863), Péan (1866), Gosselin et Guyon (1876) le reprirent. L'antisepsie est donc une découverte très ancienne et exclusivement française.

les pertes de substance par des appareils pro-
thétiques en caoutchouc, en gutta-percha, en or,
en platine (Délair). Il rend aussi la parole aux
muets accidentels, par une *orthophonie* différente de celle qui rend aux muets la parole et
également récente (Chervin, Nattier).

La *chirurgie* a, encore du membre humain une sorte de couteau de Jeannot, inusable,
elle étend ses appareils de soutien aux membres
et Péan put appliquer une tête humérale de
caoutchouc en une cavité glénoïde pour y remplacer un humérus tuberculisé et conserver un
bras. On fait également des membres artificiels
articulés remplaçant à merveille les membres
naturels. On fait... que ne fait-on pas, et que de
noms illustres seraient à citer... rien qu'en
France: Dupuytren, Nélaton, Malgaigne, Péan,
A. Richet, Verneuil, Guyon, Pozzi...

L'hypnotisme, la suggestion, la psychothérapie entrent aussi dans nos mœurs; après Mesmer,
avec Puységur, le Dr Bertrand, le baron du
Potet, Deleuze, Charpignon; puis plus près de
nous, Ch. Richet, Bernheim, Ochorowicz, de
Rochas, Bérillon... Des caractères, des tics men-
taux ou physiques sont redressés....

⁎

Mais prévenir vaut mieux que guérir et la médecine du XIXᵉ siècle tout en multipliant ses re-
présentants, se... suicide en diminuant les maladies; par la prophylaxie, elle a déterminé les maladies évitables et veut, exige qu'on n'y soi
point soumis. Cependant la médecine, souvent

instable en ses théories et ses pratiques, voit la vaccination de Jenner combattue par Hubert Boëns, et celles de Pasteur par le clan nombreux des antimicrobiens.

L'*hygiène* existe donc avec ou sans microbe., mais non sans une bonne et saine alimentation, sans l'air et la lumière à flots ; par conséquent, on devrait d'abord agir, en les pouvoirs publics, pour élargir les rues et les espaces libres, éviter les logements surpeuplés, la misère enfin le plus souvent cause de nos maux.

La nutrition était le principal problème avant que ne fût dénoncé à la vindicte publique l'infiniment petit, — dont nous ne nions pas l'existence, mais la virulence toujours fatale quant à la maladie — utile pour le fonctionnarisme qu'il contribue parfois à tort à augmenter, le médecin de famille pouvant largement agir le plus souvent ! C'est l'hygiène qui, mettant à profit les conquêtes de la physiologie, a pu déterminer la grandeur des pièces d'habitation, l'orientation pour avoir dans les pays du Nord le plus de soleil possible (sud-est et nord-ouest), dans les pays du Sud le choix entre la chaleur ou une température moins torride (sud et nord), tout en tenant compte des vents régnants et des émanations industrielles voisines.

Il faut de l'air pur, abondant et sec, de la lumière chaude et complète — et plus que les microbes qui, d'ailleurs, dérivent de leur absence — la privation ou l'altération de ces deux éléments cause la mort des 150.000 annuels tuberculeux de la France. Au lieu de ces maisons

d'antan au toit de chaume surbaissé et couvert
d'une végétation grasse et équivoque, d'un sol
de terre battue, se détrempant sous les pieds
mouillés de purin, de boue et de fumier, de
fenêtres nulles ou bouchées avec de la paille,
une cheminée large et sans tirage, le paysan
commence à se construire des maisons hautes, à
larges fenêtres, à cheminée moins vaste, mais
chauffant mieux. On ventile les maisons par des
courants d'air entre les fenêtres et en évitant de
se tenir entre elles, par des moteurs électriques
remplaçant d'invisibles esclaves !... On porte au
loin les ordures des grandes villes et elles servent
à l'agriculture comme aux environs de Paris,
ou on les brûle, ce qui est plus dispendieux,
mais plus sûr, à Bruxelles, Hambourg,.. (1).

L'enfant est l'objet des préoccupations de
santé et d'élevage, c'est la *puériculture* des
Tarnier, Budin, Pinard, et qui s'enseigne aujourd'hui — ô progrès des idées ! — dans les
écoles de jeunes filles; on crée des crèches, des
pouponnières, des asiles... La pédagogie est
devenue de l'hygiène sociale ou physique, où le
médecin, en dehors de la psychothérapie, trouve
les tares organiques altérant le caractère de l'enfant et que la guérison améliore, et des écoles
existent pour les anormaux (Bourneville).

---

(1) Le Dʳ Prosper de Piétra Santa (1820-1898), fondateur
de la *Société Française d'Hygiène*, la première société scientifique du genre, et du *Journal d'Hygiène*,
fut un lutteur tenace, infatigable, non officiel, dont l'énergique persévérance avait su faire triompher maintes
réformes, et dont l'œuvre d'ailleurs vivace se continue
par l'impulsion vigoureuse qu'il lui avait donnée.

La propreté des habitations, qui est le meilleur luxe, a entraîné celle de ses habitants. L'ouvrier, l'homme du quatrième état, sorti de son travail, monte aujourd'hui, s'il le veut, et il le veut souvent, d'un échelon, ressemblant alors à l'homme du troisième état, au « bourgeois », grâce à sa volonté, grâce à l'industrie qui fournit à bon marché des habits sains et hygiéniques. Il sait que la peau est un organe respiratoire aussi utile que le poumon, et qu'il le faut tenir propre et ouvert; que le travail a pu en boucher les pores, mais que le travail fini, il est inutile de maintenir en cet état. L'hygiène scientifique amène la propreté individuelle, puis celle des vêtements, et, comme conséquence, la dignité; l'ouvrier qui se sent mieux mis, ne se croira cependant pas, à moins que d'être un sot, d'une essence supérieure à ses camarades plus ignorants et moins propres, — et, s'il a lu, il sait l'égalité et la solidarité humaines qu'enseigne et démontre la science, mais il sera l'éducateur des moins favorisés, il prendra de lui et des autres un respect et des soins plus grands; moralement et physiquement, il s'en portera mieux.

Nous sommes toujours contempteurs du temps présent, et la presse aidant, révélant ce qui était ignoré dans le passé, nous nous croyons plus mauvais que jadis, plus tuberculeux, plus alcooliques; que sais-je? Toutes les tares doivent être combattues, et la science prouve assez par ses luttes incessantes qu'elle ne désespère pas de vaincre, c'est même là un des beaux titres de gloire et d'amour de l'humanité du XIXᵉ siècle,

— mais il ne faut pas les exagérer, sinon, devant
la besogne immense, on hésite, on recule. Les
yeux sur le passé pour noter les progrès accomplis, sans hésitation devant l'avenir, la *biologie*
et ses découvertes mènent à la connaissance
plus complète de l'homme, physique, intellectuelle et morale ; elle veut être la religion de
l'avenir avec, pour but, l'amélioration des êtres
vivants, la conservation de leur santé et surtout
du capital humain aujourd'hui moins prodigue de
lui-même et si peu reproducteur, ainsi se combat
la dépopulation et se produit sur un globe étroit
sa meilleure utilisation pour un nombre restreint
d'êtres, et une production nutritive forcément
limitée !

★★

En sa *Mêlée Sociale*, notre confrère, le docteur Georges Clémenceau, note ces aspirations
au bonheur de tous les êtres sous l'évolution
biologique et philosophique ; après l'hygiène
classique, voici l'*hygiène sociale* et politique
assurée par la science. Il montre le cristal défiant
le temps, mais dévoré par le lichen que l'hiver
vainc encore pour le printemps faire revivre...
La faim est reine du monde. Tout a droit à la
vie... « Le chant de l'oiseau pâmé d'amour,
enivré de vie, se fait des plaintes de l'insecte
broyé ; oui, le hurlement de joie du fauve se fait
des cris de douleur de sa proie pantelante ;
oui, les grands rêves de l'Orient, la sublime pensée de la Grèce, l'art, la science, toute la gloire
de la civilisation des peuples, et jusqu'à la con-

ception de justice et de bonté se font du concours obscur, des iniquités meurtrières où succombent tous les vaincus de l'éternelle bataille.
Écoutez, cependant. Par l'accumulation des siècles, voici que le gémissement des faibles qu'on
écrase, d'abord inentendu, monte des profondeurs. Bientôt peut-être, la plainte de l'insecte
torturé couvrira le chant de l'oiseau ; le cri de
l'oiseau déchiré, le hurlement du fauve, la malé-
diction des révoltés, l'expansion de joie des
heureux de la terre.

« Déjà la clameur croissante emplit le monde,
accusatrice de la cruauté des forts. L'homme
ému s'arrête incertain. Et, même continuant l'af-
freux combat, se prend à juger l'œuvre de mort,
à la détester. L'altruisme de la bête ne va pas
jusqu'à la pitié de sa proie. L'homme s'exalte,
lui, de la conscience de son crime. Il se sent
atroce et sait sa loi. Mais sa loi, c'est aussi l'intime protestation contre l'injuste souffrance qu'il
inflige, c'est le besoin de la réduire, de l'atté-
nuer, de la supprimer même s'il se peut. Et
voilà la pitié, et voilà la bonté, née de l'homme
— comme la cruauté fatale — contenant l'égoïsme
effréné, lui traçant sa limite mouvante, et bal-
lottant l'âme étonnée de la férocité barbare à la
générosité divine. »

Il s'effectue ainsi une réaction contre l'absolutisme de la théorie biologique de l'évolution.
L'entente pour la vie qui m'a toujours paru naître de la nature bien observée, s'impose. On ne
veut plus croire à aucun dogme, qu'il s'appelle
le péché originel ou l'hérédité. Si l'on croit à

celle-ci, souvent confondue avec l'action des
milieux ou contagion, ne sent-on pas que l'on
retombe dans la résignation antique — et tel
cependant a paru, paraît encore le rôle de la
science — que les descendants de déshérités in-
tellectuels ou physiques ne doivent pas lutter
pour la connaissance ou pour la santé !

Tout au plus hérite-t-on de prédispositions.
Et la lutte reste ouverte, de plus en plus victo-
rieuse de par la science, contre le mal et la misère.

Répudions l'absolutisme de l'hérédité qui ramène au péché originel et qui n'explique rien :
le premier être ou le seul être d'une famille qui
a une qualité physique ou morale, une maladie,
l'a bien acquise ! Des êtres vivant ensemble, en
d'identiques milieux, ont bien le droit d'acquérir
les mêmes propriétés sans se les léguer. La contagion ou l'influence des ambiances domine tout,
telle semble la théorie scientifique que la biologie du xxᵉ siècle naissant oppose à celle de son
précurseur.

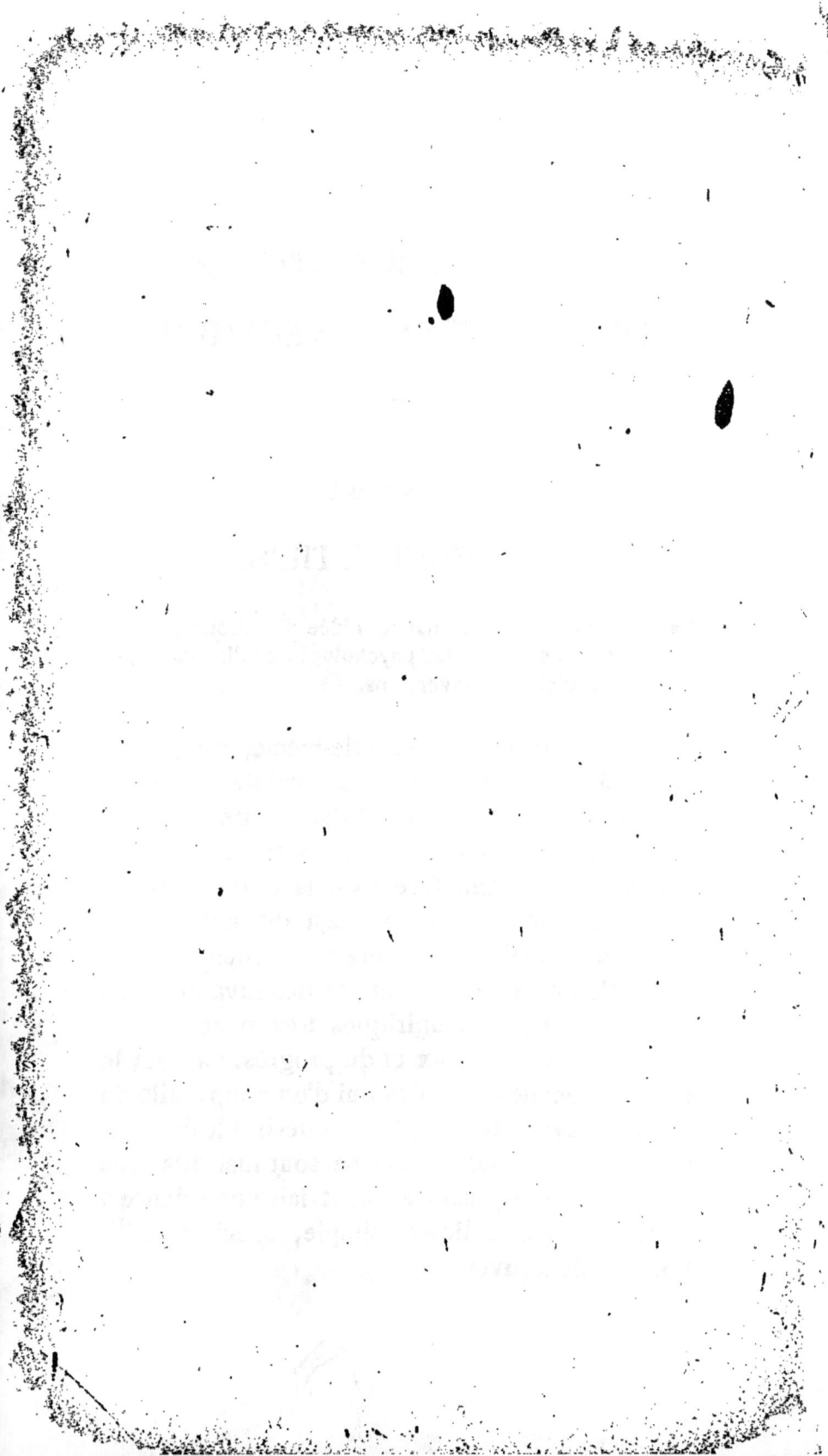

DEUXIÈME PARTIE

LES GRANDES INVENTIONS

CHAPITRE I

LA SCIENCE UTILISÉE

La vulgarisation faisant naître l'idée d'utilisation. — La genèse inventive. — La psychologie de l'inventeur. — Portée sociale des inventions.

De la vérité aimée pour elle-même, du plaisir de savoir, de la théorie enfin, maints esprits se sont lassés et ont voulu utiliser leurs connaissances, ou l'ont même fait inconsciemment ; de là des empiètements forcés de la pratique sur la théorie et que nous avons déjà dû noter, chemin faisant. Qui leur en fera un reproche ? Souvent, d'ailleurs, ce ne sont pas des savants, mais des praticiens, des empiriques très observateurs et amoureux du mieux et du progrès. Ce sont le plus souvent des humbles qui d'un coup d'aile du génie s'élèvent au rang le plus désirable de bienfaiteurs de l'humanité ! Ils se sont instruits avec maintes lacunes, mais se sont fait une science à eux, non systématique, simple, spéciale, utilitaire et ils trouvent.

Condorcet, à la veille de sa mort tragique, écrivait devant les résultats des méthodes scientifiques simples et pratiques innovées après Pascal, Descartes et Newton :

« Jusqu'à cette époque, les sciences n'avaient été que le patrimoine de quelques hommes ; déjà elles sont devenues communes et le moment approche où leurs éléments, leurs principes, leurs méthodes les plus simples deviendront vraiment populaires. C'est alors que leurs applications aux arts, que leur influence sur la justesse générale des esprits sera d'une utilité vraiment universelle. »

Le xixe siècle s'est chargé de vérifier la prédiction de Condorcet ; jamais le génie inventif n'a été aussi fécond ; jamais une découverte n'a été aussi rapidement connue, soupçonnée, utilisée, plagiée même. Qu'importe, le progrès à outrance est en marche, et la science aide la science. Jamais la vulgarisation n'a été aussi en honneur ; la science n'est plus la grande dame inaccessible d'antan ; maints esprits, et non des moindres, se sont faits vulgarisateurs, et ont créé ainsi des vocations scientifiques. Ce fut un ouvrage élémentaire et vulgarisateur de chimie qui décida de la carrière de Faraday enfant. Georges Stephenson, inculte, ne pouvait évidemment lire que des ouvrages simples. Et avec leur multiplication, s'est faite l'actuelle diffusion, si créatrice et si féconde. La science est descendue de son piédestal et s'est rendue compréhensible à tous par de véritables savants eux-mêmes qui ne dédaignèrent point d'être clairs, lyriques parfois, tout en restant vrais toujours. En notre *Esprit scientifique contemporain* nous avons cité des noms : Babinet, François Arago, Camille Flammarion, ces deux derniers aux « Astronomie populaire » si dévorées du grand public, — Louis Figuier, l'infatigable érudit, souvent justicier, dépouillant Franklin pour de Romas, quant aux cerfs-volants aériens allant au ciel chercher la foudre !... Toute une littérature spéciale et documentaire, voire romanesque et basée sur des faits scientifiques, aide encore à leur diffusion. Le savant ne se borne pas à la recherche des causes, il veut aller plus loin, toujours plus loin, veut suivre ces causes, en déduire les enchaînements qui lui serviront d'échelons pour monter plus haut. Il joint à cette tâche celle d'éducateur quand il va à la foule avec ses idées, quand il proteste contre « la faillite de la science » (l'illustre chimiste Marcellin Berthelot), quand il enseigne sous forme attrayante ses travaux scientifiques malgré le préjugé actuel, en haut lieu du moins, que le vulgarisateur ne peut être un savant.

Ainsi sommes-nous en insensible transition avec l'esprit spéculatif de l'observateur, — parfois nébuleux et obscur, prolixe vague de maintes productions d'outre-Rhin qui envahissent aujourd'hui la France et lui masquent parfois à elle-même l'origine de ses propres travaux — et la réalité pratique de l'inventeur, du vrai, non du maniaque : la demi-science ayant donné actuellement naissance à des pseudo-*découvreurs* qui retrouvent le passé et parfois en imposent à

leurs contemporains. Deux êtres, concevant et
réalisant, ne s'excluent pas forcément d'ailleurs,
et si notre éducation cérébrale était faite dans ce
sens, on verrait souvent se cumuler en une même
mentalité la théorie et la pratique. C'est même le
propre du siècle qui commence de vouloir syn-
thétiser les tendances abstraites et désintéressées
du passé avec les aspirations égoïstes et utili-
taires de l'avenir. Mais pour le philosophe, un
savant spécial, un observateur qui veut voir et
scruter le théâtre qu'est l'esprit humain, il faut
savoir comment se passe ce phénomène ; ne
sera-ce pas un moyen — ses lois étant déterminées — de le faire se reproduire à volonté ?

Tous les psychologues, et ils sont nombreux
à notre aube de siècle, s'occupent de la genèse
de la pensée, la sécrétion de la matière ou le
plus pur produit de l'âme, selon les tendances
spiritualistes ou matérialistes de l'écrivain. En
atteindra-t-on jamais l'essence de cette pensée,
fuyante en ses mystères, fugitive en son apparition, jusqu'au moment où elle se burine dans le
bronze, paraît éclatante de couleur sur la toile,
s'épanouit en fleur de rhétorique sous la plume
du penseur, s'étale en périodes ronflantes ou
pathétiques entre les lèvres de l'orateur, fulgure
le laboratoire du physicien ou du chimiste en
des phénomènes nouveaux, bouleverse l'industrie au génial appel de l'inventeur ; que de manifestations diverses, futiles ou grandioses, exiguës
ou titanesques, enfantines ou séniles, menant
l'homme à la maturité, à la grandeur, à la gloire,
au triomphe, à l'apothéose..., pour, souvent

avec l'âge, accuser la décrépitude, bientôt le
néant !

Qui saisira ta genèse, pensée humaine qui
soulèves les mondes ? Qui te fera apparaître, à
son gré, flamboyante, révolutionnaire ou rétro-
grade ? Ne diriges-tu pas les foules, à leur insu,
à l'unisson des cerveaux géants dont les batte-
ments artériels font vibrer synchroniquement
l'entourage ? Est-ce que l'invention, ta manifesta-
tion, féconde et puissante, ne change pas même
parfois les conditions d'existence, de socia-
bilité ?

Eternel problème que l'éducation humaine
portée vers la meilleure utilisation des forces
vitales et pensantes ! Rien ne révèle, en science
surtout, le génie, que la « longue patience »
de Buffon ! En voyant un grand homme que de
fois on s'est dit : « Ce n'est que cela ! » Il paraît
que les criminels, devant l'échafaud, se disent
aussi cela parfois ! Comme les choses ou les
gens, vus de près, diminuent d'importance !

L'inventeur, celui dont la découverte bouleverse parfois les sociétés et les mondes, telles
la vapeur, l'électricité, n'arrive que peu à peu
en s'aidant de travaux précurseurs à sa trou-
vaille ; aussi le vrai génie qui sait cela est il
d'ailleurs éminemment simple et bon enfant ;
il sait certes qu'il est doué d'une étincelle sacrée,
que nouveau Prométhée, il vole au foyer intellectuel de tous des parcelles égarées et inuti-
lisées, méconnues, et que nouveau Pygmalion
aussi, il animera le tout, mais il se rend compte
de ce qu'il rend au trésor commun des connais-

sances acquises, et comme le talent, il est souvent
modeste et ignoré. Les années les démontrent
et les accusent. Qui sait au début l'importance
d'une innovation? Le grand inventeur se révèle
à ses découvertes. Gustave Trouvé, l'électricien
bien connu, qui n'avait pas dédaigné de concou-
rir aux récents concours de jouets de la Préfec-
ture de Police, jouets scientifiques et destinés
à apprendre à l'enfant les éléments de la science,
à le familiariser avec elle, à l'en pénétrer —
s'est étudié quelque peu, au point de vue de la
genèse inventive, et il m'écrivait récemment à
propos de la navigation aérienne :

« Il n'y aura pas à hésiter, au cours de l'exécution, à prendre tous les brevets d'une manière générale, si la chose est si belle que je la conçois et
que je la vois. » Et sous la plume lyrique de cet
inventeur perpétuel qui lui-même exécutait, nous
assistons à la genèse de l'idée inventive. « Cela
pourra peut-être vous surprendre au premier abord
quand je vous dis : «Je la vois. » Toutefois, je ne
pense pas être le seul parmi les inventeurs qui
jouisse, qui soit gratifié de cette faculté. Les mu-
siciens, les peintres, etc., doivent également en
être doués. Dans tous les cas, voici comment les
choses se passent chez moi. Aussitôt que je me
pose ou que l'on me pose un problème quelconque de mécanique principalement, il se produit instantanément au cerveau une excitation
d'où découle un travail préliminaire qui s'accomplit mentalement, et qu'une plume plus autorisée
que la mienne pourrait définir. Essayons néanmoins: C'est une véritable farandole d'images

fugitives qui se déroulent sans se fixer, comme
une conversation au téléphone. Puis une d'elles
persiste plus longtemps pour céder la place à
une autre plus complète. Finalement, il se fait
mentalement au cerveau, comme qui dirait une
revue générale de sa bibliothèque en fouillant
toutes les cases. Lorsque toutes les richesses intellectuelles du cerveau ont été fouillées et mises
en évidence, il en résulte une conception plus
ou moins nerveuse, plus ou moins complète du
problème posé, et une image virtuelle accom-
pagne cette conception. Elle se modifie sans
cesse, tant que de nouveaux éléments sont tirés
du cerveau ou arrivent de l'extérieur pour la
compléter.

« Quand elle persiste toujours et semble
immuable, c'est que nous n'avons plus en
nous-même de quoi la modifier ou la perfec-
tionner. Elle restera ainsi immuable sans pouvoir aller plus loin, tant que de nouveaux
éléments ne nous arrivent pas de l'extérieur. On
peut considérer la solution mûre pour l'exécution.

« Étant moi-même l'exécutant, je ne fais que
très rarement un dessin ou du dessin avant la
lettre, puisque j'ai sans cesse devant ou plutôt
derrière les yeux une image très nette et très
complète. Je vous assure, cher monsieur, que
celle qui nous occupe est mûre depuis longtemps,
et que je n'éprouverai pas de grandes difficultés
pour l'exécution et sa réalisation complète. Mais
l'aviation aérienne qui serait réalisée si nous
étions en Amérique où Edison, comme on dit,

fait ce qu'il veut..., mais nous sommes en France !... (1) »

L'inventeur vole de fleur en fleur, d'invention en invention et la pensée éclose fait place à celle qui naît, aussi faut-il que d'autres intelligences en mal, elles aussi, de découvertes, viennent y collaborer, sinon la fleur de la pensée n'éclôra pas ou viendra mal, donnant peu ou point de résultats ; et, plus tard, l'historien de l'esprit humain s'étonnera que le but, si près d'être atteint, ait été manqué...

Pour moi, qui ai aussi inventé quelque peu et qui varie mes occupations multiples, thérapeutique électrique, ou réflexions philosophiques, la pensée a des formes variables et évolue différemment. Je creuse un sujet, en lisant les matériaux parus, puis en marchant, avant de m'endormir et... soudain la solution d'un problème m'apparaît lumineuse ; et, alors, la réalisation suit de près. De même, qu'un clou constamment frappé s'enfonce, le cerveau sans cesse impressionné par une préoccupation incessante, la mûrit inconsciemment, et, un jour en présence d'un fait, du hasard en apparence, une solution surgit fulgurante.

Ah ! le hasard ! l'ancienne Providence, aujour-

---

(1) G. Trouvé fut mon constructeur dans la première simplification du traitement photothérapique de Lahmann et Finsen ; mon invention fit ses preuves à l'hôpital Saint-Louis, mais il y eut une cabale pour favoriser des plagiaires. Trouvé, sans moi, voulut alors livrer des appareils, répara des vieux m'ayant servi dix-huit mois pour des lupus, se blessa, s'infecta et en mourut (juillet 1902).

d'hui démodée ? Que de choses, de bienfaits, de découvertes... on lui attribue ! Mais il n'existe, ce bienheureux hasard, que pour ceux qui l'aident, les chercheurs, et encore dans le sens de leurs travaux ; il est simplement un trait de lumière, en la nuit profonde, pour qui connaît déjà son chemin, et hésitait un peu !

Mais le hasard encore, en une découverte, c'est l'ensemble des travaux des autres, des recherches accumulées et connues, d'un fatras épars en le cerveau humain et qui se classe sous l'effet d'une tension continue, d'un effort prolongé en une voie déterminée ; ce sont toutes les études faites, toutes les choses vues qui ont laissé un sillon en la cellule cérébrale, à l'ombre de ses circonvolutions, et qui ont frayé une route, un chemin qui, de lui-même, se déblaie avec des apports nouveaux, des agitations de la matière vivante sans cesse ébranlée ! L'ambiance, l'entourage, réagissent à leur insu, émettent au hasard des idées qui, toutes, convergent pour le cerveau tendu vers un but déterminé !

*
* *

La science de la vie et des manifestations intellectuelles s'est élargie, grâce à la physiologie. *Les limites de la Biologie* établies par le docteur J. Grasset, de Montpellier, sont plus reculées que ne le croit l'éminent neurologiste. Les théories histologiques nouvelles de Golgi, Ramon y Cajal... montrant la cellule cérébrale agissant comme un infiniment petit, en ont reculé les bornes.

Les phénomènes de l'entendement deviennent analogues à des faits d'ordre électrique ; on appuie sur un contact, et la sonnerie — lisez une portion du cerveau — réagit ! Bien des mécanismes en sont encore ignorés et l'ordre d'épanouissement, d'apparition de la pensée, de son évolution comporte encore maintes inconnues.

Il serait intéressant de faire une enquête sur la genèse cérébrale, non pas seulement sur des gens sensationnels très intéressants, parce que talentueux ou géniaux, et par cela même sortant du commun des mortels, mais sur tous, sur l'ensemble des êtres pensant, entendant, et exprimant leurs idées ! On l'a faite pour Emile Zola, et le bruit, fait sur cette enquête médico-psychologique, a effrayé d'autres lumières françaises, d'abord bien disposées. J'estime qu'avant d'étudier les sommets, les sommets inabordables d'un arbre géant, il serait peut-être bon de se hisser lentement, de branche en branche, de s'arrêter, de se reposer, de souffler, de voir et de comparer des phénomènes banals, puis de monter peu à peu... La pensée de tous, même du plus humble, me paraît intéressante à sonder, mais je sais bien qu'il y faut déjà le fil d'Ariane de quelque savoir acquis ; mais, à notre époque où le talent court les rues, est-il bien difficile de l'interroger pour arriver à quelque connaissance en la genèse de la pensée ? Et les médecins, gens habiles à l'observation, à l'invention, me paraissent indiqués pour commencer ! N'y aurait-il pas lieu, sans en faire l'épilepsie larvée de Lombroso, d'étudier ces phénomènes d'attention, qui suppriment les fonctions naturelles, qui créent ces légendaires distractions de Newton et d'Ampère? Quelle différence entre le fou qui ne peut concentrer son attention sur un point et le génie qui ne l'en peut détacher !..

L'invention procède, nous l'avons dit et le répétons, quel que soit son champ d'évolution, fiction ou réalité, d'idées antérieures reçues, accumulées, assimilées... Il faut avoir vingt ans, la présomption de la jeunesse, pour croire que rien n'existait avant soi, que les grandes découvertes sont simplement contemporaines, que l'humanité du passé était incapable de quoi que ce soit et que les temps présents seuls ont le génie, l'audace... que l'esprit évolue plus vite aujourd'hui... Que les inventions soient plus rapidement connues, grâce à la vapeur et à l'électricité, cela est incontestable. Grimpés sur les épaules de nos ascendants, nous voyons plus et plus loin. Nous ne sommes ni contempteur, ni laudateur exagéré de notre génération, nous vivons notre vie de labeur par ces temps de *struggle for life*, en inventant parfois, nous aussi, et en réfléchissant sur notre modalité cérébrale : en étudiant les antériorités et les ambiances, on arrive à la modestie d'autant plus grande que le génie est réel, indiscutable ! On se voit la résultante des travaux antérieurs, des nombreux précurseurs... Au point de vue psychologique, au point de vue de la genèse inventive, ce sont des faits qu'il faut clamer, car en cet *Esprit scientifi-*

que contemporain déjà cité (1), j'y ai longuement
insisté. La foule décerne facilement la palme à
celui qui, arrivé au faîte de la maison, de la découverte, n'a quelquefois pas même posé la dernière pierre, et elle méconnaît les autres ; c'est
injustice et nous avons tenu à l'établir ici par
l'exposé du processus cérébral de l'invention.

Que de fois, en cherchant un problème, on en
trouve un autre ! Mais c'est assez parler du domaine philosophique, quoique ce soit encore
établir le *Bilan scientifique du XIX° siècle* que
de démontrer qu'il a tout voulu observer, analyser, reproduire... et décrivons quelques grandes
inventions. Volontairement ou forcément, et
notre genèse de l'invention le permet de comprendre, on ne peut que tracer de grandes lignes,
donner quelques noms, en oublier d'importants,
sans doute, mais cette œuvre n'a pas la prétention, ne peut l'avoir, d'être parfaite, et le *Bilan*
seul compte !

✱✱✱

La science n'est pas vouée, hélas ! qu'aux œuvres de vie, la destruction s'en empare souvent ;
et la conséquence immédiate des nouveaux procédés scientifiques appliqués à la guerre est dans
la destruction des fortifications des villes, le
renversement de vieilles murailles devenues
inutiles et par suite l'agrandissement démesuré
de certaines agglomérations. *Urbs* — désignant

---

(1) Docteur Foveau de Courmelles, *l'Esprit scientifique contemporain*, bibliothèque Charpentier, Fasquelle,
éd. 1899.

ici Paris, non Rome — engloutit peu à peu toutes les villes qui l'entourent. Les impôts établis
à l'entrée, aux octrois, deviendront de plus en
plus difficiles à percevoir, à moins d'augmenter
exagérément le nombre des fonctionnaires, ce à
quoi l'on tend démesurément ! La science fait
connaître certaines fraudes et en permet d'autres !

Toutes les grandes capitales : Londres, Berlin,
s'étendent, et la science acquise qui se croit plus
utile en les villes détermine l'exode des campagnes.

Les intérêts des villes et des peuples eux-
mêmes sont solidaires et sont communs. Les
peuples ont des aptitudes différentes à la production intellectuelle ou matérielle, de là la
nécessité d'échanges constants qui ne se peuvent
bien faire qu'avec la paix. Le sol n'est pas identique à lui-même sur toute la surface du globe,
tel produit de l'or et des métaux, tel autre, des
épices ou telle nature d'aliments, et cela, par la
disposition des forces naturelles locales, à des
prix de revient infimes. Il y a grand intérêt à
écouler, pour l'un, ce qu'il a de trop, pour l'autre, à recevoir ce qu'il n'a pas assez. Les moyens
de communication sont là faciles, praticables, et
de gaîté et de cœur, les peuples renonceraient à
leur bien-être, à leurs efforts passés, pour ne
vouloir semer que la ruine et la mort. Les idées
sont changées, et l'on ne conçoit plus guère la
nécessité de s'entr'égorger. Les régimes économiques sont modifiés et étudiés sur place par
les commerçants et les industriels; de là, des rela-

tions communes d'intérêts, d'affaires, qui ajou-
tent leur influence à celles des idées générales
de conciliation et d'union.

CHAPITRE II

AGRICULTURE ET INDUSTRIE

Préjugés originels. — Le sol et la nature modifiés. — Plantes et produits nouveaux. — L'alimentation industrielle. — Les métaux. — Le luxe.

Tout est devenu industrie; agriculture, commerce, productions de toutes sortes, utilisent des machines et le travail manuel humain voit de jour en jour rétrécir son faible champ d'application. La traction mécanique remplaçant l'effort de l'animal a fini le xixe siècle; à peine née, elle est déjà brillante. Les gens habitant la campagne, — car il n'y a plus de paysans, c'est-à-dire d'êtres absolument ignorants et s'imaginant que les chemins de fer feraient périr sur pied les récoltes, — les nouveaux citadins, disons-nous, ne sont pas restés en retard pour l'utilisation des machines nouvelles et diminuer leur labeur. Les mariniers de la Fulda détruisant le bateau de Papin seraient aujourd'hui écharpés comme criminels de lèse-industrie. Il y a bien encore aujourd'hui quelques esprits chagrins troublés en leur quiétude par la rapidité des mouvements, des déplacements, des progrès..., mais on n'écoute que peu ou point leurs récriminations et l'on croit aisément que le bien-être général suit l'ascension industrielle!

Comme nous sommes loin des préjugés du commencement du xixᵉ. siècle! L'humble travailleur, dont la machine faisait cent fois la besogne, la considérait comme l'Ennemie! Mais les besoins ont crû avec la production et l'ouvrier est plus utile que jamais, construisant ces mêmes machines qui devaient, croyait-il, l'annihiler et qui l'ont, au contraire, bien multiplié, tout en augmentant son salaire contre une diminution de travail. Les chemins de fer ont momentanément supprimé les diligences, les voitures, les routes et les hôtels ou auberges de campagne, les cycles et les automobiles restituent la vie à des villages abandonnés et qui s'étaient livrés à d'autres industries. Tel progrès produit une crise momentanée, tel autre rétablit l'équilibre. En la nature, toute action appelle la réaction et la bonne harmonie s'installe bientôt; il semble bien parfois se produire des mouvements violents, qu'on appelle des révolutions, des crises industrielles, commerciales, sociales, politiques..., cela tient à des surproductions, à la marche' en avant trop rapide..., on ralentit quelque peu et l'évolution se continue!

⋆

La connaissance chimique du sol a révélé les éléments réellement utiles à telle ou telle production et s'ils manquent, on les y met par l'engrais chimique. La théorie des engrais chimiques, qui était latente et s'appliquait jadis par les assolements ou variations de culture, est entrée en nos habitudes avec MM. Grandeau,

Dehérain, Georges Ville. Ces progrès ont été appliqués directement par ces savants devenus agriculteurs pour vérifier leurs procédés.

La silice ou sable, la craie, marne ou calcaire, l'argile ou glaise sont les parties constituantes de la terre arable ou réellement agricole. Si l'argile domine, le sol est humide et empêche la production des céréales, on marne, on ajoute du calcaire ; ou si le prix des transports, quoique aujourd'hui minime, empêche ou rend trop coûteuse cette addition, on draine le terrain, on recueille en de petits canaux souterrains l'excès d'eau et le sol se dessèche. On recourt encore à ce moyen lorsque le sous-sol trop argileux au-dessous d'une terre arable peu épaisse maintiendrait l'eau au contact des végétaux, les noierait, les pourrirait. Ce sont de véritables canaux ou aqueducs agricoles et souterrains, tels que l'industrie les reproduira à l'air libre pour la navigation avec ses écluses, ses réservoirs. L'industrie dompte, transforme, modifie la nature. Le sol mouvant, siliceux de certains pays, les dunes des landes plantées de pins par Brémontier, pour les arrêter et les empêcher de couvrir, poussées par le vent, villes et villages, ont créé une industrie nouvelle, la résine. C'est une industrie agricole d'un bon rapport, utilisant les pays les plus pauvres, les plus en pente, les moins cultivables. Déjà Balzac, en son *Médecin de campagne*, avait noté les efforts de la science. La résine, la térébenthine, les gommes diverses sont ainsi extraites. Le pays s'assainit, l'air y devient meilleur, pourvu d'une certaine quantité

d'oxygène, électrisé ou ozone ; on peut y envoyer des phtisiques, des tuberculeux qui s'y
amélioreront toujours, s'y guériront parfois ; des
sanatoria s'y pourront créer et l'industrie humaine, guidée par la science, fournira à la fois
une source de richesse et de santé, en même
temps que ces malades pourront modérément
travailler à augmenter celle-ci et seront mieux
que dans les villes. Les forêts sont en beaucoup
de points nécessaires pour reconstituer l'équilibre
des climats et des cultures que leur suppression
a perturbé.

En agriculture, l'industrie diminue la durée
de la main-d'œuvre même en de menus détails
et chez les plus pauvres ; ainsi le beurre fabriqué
avec la baratte, sorte de plateau qui agitait la
crème en vase clos, l'est naturellement par des
appareils tournant automatiquement et à la rapidité voulue ; le fromage est fait en grand par
l'association et la meilleure utilisation des forces
et des aptitudes d'un ou de plusieurs villages... ;
dans la fabrication du vin, le foulage, c'est-à-
dire l'écrasement à pieds nus des grappes de
raisins, est remplacé par des pressoirs mus à
volonté par l'homme, la vapeur... et à bien meilleur rendement.

★★★

La betterave a remplacé la culture du chanvre
dans les pays du Nord, d'immenses champs la-
bourés à la charrue bien perfectionnée en notre
siècle depuis Mathieu de Dombasle (1820), en
sont couverts, et nous ne sommes plus tributai-

res de la canne à sucre et des colonies. La diffusion, principe physique de l'osmose, qui extrait de la betterave écrasée ses principes solubles, sucrés et salins, a réalisé un grand progrès,
augmenté le rendement et diminué le prix de
revient. Certaines substances chimiques peuvent
encore réaliser, comme je l'ai fait rationnelle-
ment, un progrès de rapidité dans la fabrication ; l'ozone et l'eau oxygénée, par exemple,
mais leur prix de revient est encore trop élevé.
La chimie aide donc constamment et de plus en
plus l'industrie agricole ou manufacturière.

Les terres sont ou peuvent être mieux cultivées par des fermes qui retournent profondé-
ment le sol avec les actuelles charrues mues par
la vapeur ou même par l'électricité. La récolte
des céréales se fait, en Amérique, sur de vastes
étendues, par des faucheuses lieuses. La bat-
teuse à vapeur a presque entièrement sur le
territoire français remplacé l'homme sortant le
grain de l'épi par un *fléau* tombant lourdement
sur la gerbe ; seuls de très petits agriculteurs
fouient ou bêchent au lieu de labourer, scient à la
faucille ou à la faux les céréales, et en extraient
le grain au fléau !

Comparée à la jeune Amérique, que la vieille
Europe se laisse distancer ! Que de terrains encore
perdus ! Que d'animaux non ou incomplètement
utilisés ! La grande industrie a tout socialisé et
spécialisé. Il n'est jusqu'au bœuf importé dans
les montagnes Rocheuses, élevé et sacrifié en
masses, transformé avec une rapidité dont nous
n'avons pas idée, en viandes conservables et

5

exportables et qui inonde nos marchés ! Et il en
est ainsi de tous les produits naturels ou artificiels
du sol des États-Unis du Nord, du Centre ou
du Sud.

Diverses forces motrices tendent à remplacer
les animaux qui arriveront à être un grand
luxe.

En dehors du cheval et de l'âne encore utilisés,
nous avons l'eau, le vent, qui sont des forces
naturelles, la vapeur, l'électricité, que l'on peut
dériver des rivières ; elles sont utilisées en agriculture, qui pour moudre le grain et le transformer en farine (moulins à vent et à eau), qui pour
transporter les céréales ou les récoltes (vapeur,
gaz, pétrole, électricité) les forces existent ainsi
que les espaces assez considérables pour leur
évolution, et l'on s'est posé la question de savoir
si le morcellement de la petite propriété n'était
pas contraire au progrès en s'opposant à l'emploi
de ces machines nouvelles. D'autre part, le zèle,
l'amour pour le sol font faire au paysan des
merveilles et récolter sur le terrain le plus aride.
Sans rétablir la grande propriété, ne peut-on
imiter les montagnards qui font paître en commun leurs vaches, fabriquent leur beurre et leurs
fromages par les derniers et plus rapides procédés trouvés, les vendent et partagent au prorata
de leur mise de fonds et de leur travail ? Ces
syndicats agricoles — belles applications de la
solidarité humaine — qui s'étaient constitués
avant que l'appellation en existât, sont peut-être
la solution scientifique du problème : l'exemple
venu de la grande culture qui, par suite de l'u-

nité de direction, sera toujours plus initiateur et progressiste, instruira la petite culture, et lui pourra servir de modèle.

Beaucoup de denrées ou de produits fabriqués n'ont d'utilité qu'à la condition d'être transportés des pays qui les ont produits en excès pour les besoins locaux dans une autre contrée, qui en manque et qui souffrirait de ne les pas avoir.

Le coton, le café, la houille même, le fer, les métaux, les bois de construction, sont souvent strictement localisés. Avant la découverte de l'Amérique, on ignorait l'existence du tabac, et à ce point de vue on ne pouvait qu'en féliciter nos ancêtres.

Le café, que les Arabes connaissaient, n'était pas l'excitant cérébral si communément usité aujourd'hui, et il a mis des siècles à être connu.

La coca, la kola ont été, en revanche, rapidement diffusés par la science avec ses progrès, ses livres, ses journaux à profusion répandus, et qui font connaître de suite les nouveaux produits. Les chemins de fer qui, sous forme d'imprimés transportés, ont révélé au loin l'existence d'une nouvelle herbe, en rapportent vite, sous forme de lettres, l'ordre d'en envoyer *urbi et orbi*. Et s'il n'en était pas ainsi, une armée de gens intéressés, soit inoccupés jusque-là, soit désireux d'étendre la sphère de leur activité, prendrait ces voies de communication pour aller en faire l'offre, en vanter les précieuses qualités et rapporter des commandes multiples.

Le bois lui-même, qui ne paraît ni une chose rare, ni un produit précieux, a bénéficié des moyens de transport, au lieu d'être abandonné à lui-même, où plusieurs arbres reliés en radeau descendant avec un guide le cours des fleuves, ou d'être lentement transporté par les bateaux, la vapeur l'emmène rapidement par les navires ou les locomobiles qu'elle meut !

Les transports à longues ou courtes distances constituent à la fois une branche du commerce et de l'industrie ; ils ont facilité les relations et les échanges dans des proportions considérables, non seule....... pour le gros, mais pour le détail, apportant à chacun une augmentation de bien-être et de confort.

En dehors des chemins de fer, des tramways, des omnibus, n'a-t-on pas le tricycle, la bicy-clette, l'automobile, permettant de porter immé-diatement l'objet commandé par lettre, télé-gramme, téléphone ?

Ces moyens, les uns dispendieux et à la portée des grands négociants, les autres peu coûteux et si vulgarisés comme la bicyclette dont peuvent se servir les plus petits, établissent une sorte d'équilibre entre les uns et les autres. Grands ou petits commerçants sont utiles à la condition de ne pas atteindre un nombre trop considéra-ble, sinon on peut les assimiler aux fonctionnai-res dont le trop grand nombre est évidemment préjudiable à la santé de l'organisme d'une nation !

***

Le vivre et la nutrition sont les premiers besoins humains et pour nous la science n'a pas peu con-tribué, en ce domaine, à améliorer le sort du

plus grand nombre. Les relations internationales suppriment — la sociologie nous le démontre — les légendaires famines d'antan.

Il n'est pas jusqu'aux aliments exotiques, et
quasi inutiles, comme les épices, le café, le thé,
le maté, les médicaments aliments, quinquina,
coca, kola, arrow-root, qui ne nous arrivent plus
facilement, et ne soient connus dès leur découverte, grâce aux facilités de vulgarisation, de
transports et de communications. Celles-ci rendent les famines impossibles et mènent au loin
les surproductions de chaque pays.

Quant au pain, produit du blé, du seigle, de
l'orge, des céréales, mieux et plus économiquement récoltés, il est fabriqué par des machines
qui malaxent la farine et ménagent l'effort humain ; il est ainsi meilleur, plus blanc, plus savou-
reux, moins cher ; et un retour en arrière, le
« pain complet », récemment tenté sous couleur
scientifique, n'a pas réussi.

Le sel, qui sous certains de nos rois fut si imposé et qui était alors presque du luxe, — lui l'a-
liment indispensable, que les ordres religieux les
plus sévères n'ont pu proscrire de leur nutrition
sous peine de mort, que seuls certains états
morbides réprouvent (Néphrites et F. Widal) —
s'extrait aujourd'hui facilement des eaux salées
de la mer ou des mines de sel ; il se transporte à
peu de frais.

Les sociétés coopératives avec leur entente de
la vie, quelques-unes fondées par des ouvriers
sont devenues extrêmement puissantes (Equita-
bles pionniers de Rochsdale) donnent à leurs

membres économiquement les objets de consommation courante, contribuant ainsi au bien-
être des humbles.

Les procédés de conservation, ébullition, sté-
rilisation, herméticité des vases clos, moyens
chimiques, frigorifiques, permettent de garder
presque indéfiniment le lait, la viande, les lé-
gumes, ce qui permet d'avoir en toutes saisons
maintes substances alimentaires de durée limitée.

Ces moyens et maints autres mettent à la
portée du travailleur un confort insoupçonné
d'ancêtres même aisés. Il n'est pas jusqu'aux
maisons qui, en les quartiers populaires de
Paris, ne déploient un grand luxe extérieur et
intérieur, immeubles immenses qui, malgré la
population sans cesse grandissante, sont trop
abondants et seront forcément dépréciés pour le
plus grand bien et l'extinction du paupérisme,
cela sans préjudice des chemins de fer faisant
aux travailleurs des prix spéciaux, de la bicyclette qui recule les distances et permet à l'ouvrier, au petit employé d'habiter la banlieue.

L'industrie des métaux est voisine de l'agriculture, en ce sens qu'elle extrait du sol — non plus
de sa couche superficielle, il est vrai, mais de ses
profondeurs — les richesses qui y existent, sans
les y faire naître. Ses progrès sont si communs
avec ceux de l'agriculture qu'elle-même en a bénéficié par les meilleurs instruments produits. Le
sol est bouleversé, soulevé, comblé, affaissé par
des explosifs, poudre, dynamite... qui dispen-
sent l'homme de fouiller les profondeurs terres-

tres et en lui font rapidement voir le contenu, pierres à bâtir, houille ou charbons divers, métaux. On a ainsi, selon les cas, des carrières, des filons, des gisements. La pierre est sciée et débitée pour servir concurremment avec la brique ou argile cuite (les anciens utilisaient simplement le soleil pour la dessiccation) et le fer remplaçant les lourdes charpentes de bois, à l'industrie du bâtiment. Le métal poli, écroui, laminé... prend toutes les formes possibles, grâce à l'outillage industriel actuel. Les feuilles d'or arrivent ainsi à n'avoir qu'un millième de millimètre d'épaisseur, lès fils de même métal s'amincissent et il en faudrait huit cents réunis pour faire un millimètre d'épaisseur ! Le léger aluminium est associé au cuivre pour devenir plus résistant, il entre dans la métallurgie pratique, et Chicago voit actuellement une maison entièrement métallique, les charpentes en fer, le toit et les façades en aluminium (1). D'autres métaux récemment découverts par la science cesseront également bientôt d'être des curiosités de laboratoire !

L'industrie des métaux favorise encore le commerce non seulement par son apport d'objets produits, mais par la production de la monnaie, et secondairement par les moyens de transport de tous genres qui facilitent les relations et les moyens de crédit. Se rend-on compte de l'antique difficulté des échanges eh nature qui se font encore au centre de l'Afrique, ce qui, joint en ces

---

(1) Cette maison, de 61 mètres de haut, a 17 étages à fenêtres de 6 m. 60 de large, est située au coin des rues Stat et Madison.

pays à la difficulté des transports, retarde tant
les progrès de ces contrées? La monnaie française
devient artistique et variée, elle se couvre d'œuvres signées de nos grands graveurs, même celle
de billon ; la science et les facilités industrielles
qu'elle crée, établissant presque l'égalité
devant l'art.

Les chemins de fer permettent d'établir rapidement des maisons de crédit, servant d'intermédiaires et souvent de garantie, entre l'acheteur
et le vendeur, pour les paiements à terme. Les
valeurs de banque, traites, mandats, billets, chè-
ques, sont dérivées des facilités de communications. Le crédit pour les grandes affaires — les
syndicats, les associations coopératives le favo-
risent — est une merveilleuse innovation qui en
est résultée, mais autant on le doit louer parce
qu'il facilite les grandes entreprises, autant il est
critiquable, détestable quand il est destiné pour
l'ouvrier, le paysan, à remplacer les antiques et
classiques bas de laine ou caisses d'épargne, et à
lui donner un luxe inutile ou prématuré qui le
ruine.

⁎⁎⁎

Métaux, couleurs, tissus, chimie industrielle et
pharmaceutique, tout se tient et a du reste pro-
gressé parallèlement, et la houille, le combustible par excellence, qui date de ce siècle, a été
un merveilleux agent de progrès, d'extraction,
de production, de diffusion...

Si nous considérons, par exemple, l'industrie
des tissus et que nous comparions les manipu-
lations au commencement et à la fin du siècle,

nous trouvons à l'heure actuelle une surproduction, On devait autrefois recueillir le chanvre et le filer à la quenouille, tondre la laine et la peigner, filer le lin, broder ensuite, avoir des métiers divers de tapisserie, et faire, il est vrai, ces dentelles inusables et merveilleuses d'Alençon, de Valenciennes, de Venise, en somme aussi ne travailler que pour le riche. Aujourd'hui, avec le métier de Jacquard qui, à l'étonnement du premier consul, fit « des lacs avec des fils tendus », avec les innovations de Philippe de Girard, les mordants, on tisse, on brode, on peint avec rapidité, et la houille produit la vapeur ou l'électricité nécessaire aux nombreux métiers, en des usines immenses, où les courroies de transmission portent au loin le mouvement. Ici on peut donner un bon point à la mécanique scientifique qui ne s'est pas bornée au travail en commun, mais s'est encore préoccupée de la besogne d'un seul. Les machines à coudre et maints autres éléments du travail individuel et isolé sont en effet, pour le peuple, un élément de promptitude dans l'effort. Les petites industries, celle de l'ouvrier ou de l'ouvrière en chambre, préfèrent souvent gagner moins avec plus de travail produit, mais gardent ainsi leur liberté, leur indépendance, sans promiscuité d'aucune sorte, et n'ont d'autre déplacement, et encore pas toujours, que celui d'aller chercher ou rendre es matières premières, bi tes d'abord, travaillées ensuite. Elles servent encore à apporter en la plus perdue de nos campagnes, un peu de confort, de bien-être, de luxe !

Le luxe est dans tout, partout, et continuons de le prouver par des exemples pris au hasard et chez les plus déshérités.

Quel est le pauvre ayant un domicile, qui n'y possède pas des meubles simples, mais qui eussent été presque l'indice de la fortune ou tout au moins de l'aisance au commencement du siècle? Cela tient au progrès de la science appliqué à la mécanique. La grande industrie fait automatiquement, construit plusieurs armoires ou plusieurs montres avec la même précision et d'un trait de scie, d'un coup de marteau-pilon ou d'emporte-pièce... Charbon, vapeur, électricité... inconnus du XVIII° siècle, chauffent et éclairent monuments, usines, habitations privées...

Les étoffes, au lieu d'être brodées à la main, la laine peignée de même, le chanvre ou le lin filés; de même les chaussures, les chapeaux... sont fabriqués en grand par les machines et constituent le luxe du vêtement; et le paletot du paysan ou de l'ouvrier remplace avantageusement la blouse d'antan ou celle du travail, à la sortie de l'atelier.

Le lit avec l'édredon formé de plumes d'eider ou d'oie, le matelas fait de laine, les couvertures... existent aujourd'hui même dans la chaumière.

L'hygiène — et son bien-être sanitaire — a pénétré avec les toilettes, les lavabos, les tubs, les douches... et les appareils variés venus pour la plupart de la pratique Albion, ont vulgarisé la propreté. La science qui, en celle-ci, a révélé des procédés de beauté, de santé, a rattrapé en

un demi-siècle ce que vingt siècles de christianisme avaient fait perdre aux descendants des
Romains sybarites mitigés de barbares.

L'idée de ces progrès, le désir de les appliquer vient aussi de la vision qu'on en a, d'une
façon permanente dans les villes, d'une façon
momentanée, grandiose, apothéotique, lors des
grandes expositions universelles. Cependant la
gigantesque exhibition de Paris en 1900 semble
avoir clos momentanément ces grandes assises.
Quoi qu'il en soit, elles ont imprimé une poussée,
une vigueur, une émulation incontestables à l'industrie, tout en la vulgarisant et en lui créant des
débouchés, parfois des imitateurs, « des plagiaires ».

Les expositions multiples de marchandises
qui en découlent, l'entrée libre des magasins où
l'on voit les prix étiquetés et mathématiquement
constants, développent donc la concurrence, font
vendre au meilleur marché et évitent les sur-
prises désagréables des acheteurs.

Des questions d'hygiène sociale sont alors
apparues et non résolues.

La liberté du commerce intérieur peut et doit,
disent les économistes, être entravée quand il
s'agit de falsifications, de margarine vendue pour
du beurre, de vin fabriqué ou frelaté pour du
vin naturel, de l'alcool adultéré, ou encore
quand il s'agit de substances nuisibles à la
santé...

En ce dernier cas, on a préconisé le monopole
par l'Etat, comme si les monopoles antérieurs du

tabac et des allumettes avaient donné de bons produits à la consommation. Sans concurrence, nul progrès. Les corporations l'ont prouvé jadis. L'Etat serait plus arbitraire, parce que plus fort.

———————

Chapitre III

LES MACHINES A CHALEUR

Origines de la vapeur. — Fulton, la navigation à vapeur et les sous-marins. — Les Chemins de fer. — Les machines motrices. — Traction mécanique.

La machine à vapeur a été la première et longtemps la seule force motrice calorique connue, mais... inutilisée. A l'école d'Alexandrie, Héron faisait tourner une petite sphère sur son axe au moyen d'une marmite chauffée, mais c'était l'air chaud qui seul agissait. Flurance Rivault, gentilhomme de la chambre de Henri IV, ex-précepteur de Louis XIII, signale en 1605 qu'une bombe à parois épaisses, remplie d'eau, bien bouchée et chauffée éclate parce que la *vapeur d'eau* ne peut se répandre librement dans l'air à mesure qu'elle s'engendre (Arago). Salomon de Caus aurait énoncé un théorème sur l'action mécanique de l'eau échauffée, en 1615. Robert Stuart parle de l'éolypile faisant alors marcher un tourne-broche. Le marquis de Worcester a raconté avoir fait éclater un canon par l'eau chauffée, et c'est à lui que les Anglais attribuent la découverte de la vapeur ! Galilée, Toricelli, Rey, Pascal, Otto de Magdebourg avaient trouvé la pesanteur de l'air, et le docteur Denis Papin, collaborateur d'Huyghens, publiait en 1674 des *Nouvelles expériences sur le vide*, puis collaborateur de Robert Bayle, en 1681, le *Di-gesteur* ou marmite de Papin, ou autoclave, avec soupape de sûreté ; et en 1690, sa première description de la machine à vapeur sans soupape de sûreté qu'il y ajoutait en 1707... Savery fit fonctionner une machine à vapeur en 1705. En 1707 le bateau de Papin est détruit par les mariniers sur la Fulda : il avait trouvé l'emploi de la vapeur pour faire le vide et soulever un piston. Mais Savery, Newcomen, font des machines basées sur le vide atmosphérique, et James Watt, ayant à réparer une de ces machines pour l'Université de Glasgow fit en 1765 sa machine, qui se généralisa en 1775. Olivier Evans trouve en 1782 la haute pression de la vapeur et Trevithick et Vivian en construisent les applications en 1801. La France n'avait en 1789 que la pompe à feu de Chaillot comme utilisation de la vapeur. En 1824, Paris voit se monter trois usines *ad hoc*. L'usine du Creusot en 1826 créa la pompe à feu de Marly. En 1834, l'exposition de Paris ne vit figurer qu'une machine à vapeur, et en 1845, l'Angleterre nous fournissait encore toutes nos locomotives, mais en 1852 nous en possédions plus de 6,000, en 1863 plus de 22,000. Ces machines sont à haute ou basse pression avec ou sans condenseur, à un ou à double cylindre vertical, à cylindre unique horizontal, à cylindre oscillant rotatif, c'est-à-dire le nombre d'inventeurs et de travailleurs qui collaborèrent à ces perfectionnements multiples et de la plus haute importance, la chaudière tubulaire de Seguin, la machine oscillante de Mauby.

La vapeur n'eut pas longtemps le monopole de la force motrice ; en 1852, Griesson utilise l'air alternativement chauffé et refroidi ; en 1862, existaient des machines à vapeurs combinées des liquides volatiles (éther, chloroforme) envoyant leurs émanations sous le piston.

Le marquis de Jouffroy fit marcher après le marquis d'Auxiron, sur la Seine, le premier bateau à vapeur sur le Doubs en 1776 et sur la Saône à Lyon le 15 juillet 1783. En 1789, en Ecosse, à Dalswinton, Patrick Willer, James Taylor et William Symington essaient infructueusement ou à peu près, un bateau à vapeur. Fitoh, en 1785, en Amérique, à Philadelphie, mettait en mouvement des rames par la vapeur d'eau. James Rumsey prit en Amérique, puis à Londres en 1788 et 1790 un brevet pour appliquer la vapeur aux moulins, à la navigation, il connut Robert Fulton, alors artiste peintre à Londres, ils s'entendirent.

***

En 1796, Fulton, après avoir échoué en Angleterre vint avoir le même sort à Paris, il y construisit même un sous-marin, d'abord bien accueilli, puis rejeté ; en Hollande, même insuccès. Il revint à Paris, et en 1800 et 1801, Bonaparte, premier consul, ayant trouvé le sous-marin intéressant, Fulton construisit une torpille avec des fonds à lui votés, et réussit le 17 août 1801, à rester quatre heures sous l'eau et à ressortir à cinq lieues de son point d'immersion, mais le *Nautilus* n'eut pas le succès mérité. En

janvier 1866, l'amiral Bouet Willaumez, reprenait cet appareil de destruction sous-marine et
réussissait à Toulon avec la nitroglycérine au
lieu de poudre, comme Fulton, lequel fit sauter
aussi une chaloupe. Mais le temps passait, Bonaparte cessa de s'intéresser aux expériences et
Fulton prévenu de n'avoir plus à compter sur le
gouvernement, allait regagner l'Amérique ; son
ambassadeur, Robert Livingston le décida à
rester à Paris et à ne pas se décourager, et, le
8 août 1803, le bateau de Fulton navigua et
évolua sur la Seine devant une commission de
l'Académie des sciences et d'une grande multitude de spectateurs. Mais Bonaparte, sollicité,
avait maintenant des préventions injustifiées
contre Fulton et il ne voulut rien entendre, et
s'il avait eu là, le flair qu'il eut en électricité, la
face du monde et son sort eussent été certainement changés : la science eût triomphé plus que
les batailles ! Mais ce fut surtout le ministre de
la marine d'alors, Decrès, qui fut cause du refus
du premier Consul.

Et Fulton revint en Angleterre où on le berna,
mais où il connut les essais continués de
Symington et très pratiques pour les canaux, et
enfin en Amérique, lança le *Clermont* sur
l'Hudson, le 11 août 1807, qui fonctionna bientôt
régulièrement entre New-York et Albany (60
lieues en 32 heures). Après la guerre de l'Indépendance, ce grand évènement qui mit en rapport les diverses provinces, fit plus pour la fusion, la création des Etats-Unis que la guerre
elle-même et donna à ce peuple industrieux et

travailleur, un prodigieux essor. Néanmoins
Fulton eut maints procès et ennuis grâce aux
autorités oublieuses de New-York qui cependant lui firent des funérailles grandioses tout en
laissant sa famille en proie, de par leur fait, à
maints embarras pécuniaires. Le marquis de
Jouffroy, dès 1802, reprenait ses travaux et lan-
çait le 20 août 1816 son *Charles Philippe* sur la
Seine, à Bercy. En 1819 le *Savannah* allait de
New-York en Angleterre et l'*Entreprise* partit
de Falmouth en 1825 pour aller aux Indes, se
servant alternativement du vent et de la vapeur,
mettant 47 jours à aller du cap de Bonne-Espé-
rance à Calcutta, et un bâtiment Hollandais fit
de même pour aller d'Amsterdam à Curaçao
dans les Antilles.

Mais il faut arriver en Avril 1838 pour voir
le *Great Western* et le *Sirius* lutter sur les
flots de l'Atlantique à qui arriverait le premier
— le *Sirius* fut vainqueur — et ainsi résoudre définitivement le problème de la navigation à vapeur, quelle que soit la distance.
L'hélice dont l'idée théorique remonte à Daniel
Bernouilli, à Pawcton, au capitaine Delisle fut
trouvée pratiquement en France par Frédéric
Sauvage, que l'Académie des sciences, malgré
son rapporteur, n'écouta pas et qui en mourut
fou, et en Angleterre par MM. Smith Rennie qui
l'appliquèrent en 1842 au *Great Britain*.

Les navires de guerre profitèrent de ces innovations, on construisit des cuirassés avec blin-
dage métallique; mais les *sous-marins*, repris de
Fulton, sont aujourd'hui en faveur et peuvent

lancer, en la ténébreuse obscurité des flots, des
torpilles pouvant détruire les plus puissants
navires.

*
* *

Les *machines motrices* sont donc légion aujourd'hui; elles servent, sur la terre, aux travaux les plus variés; sur la mer, à en fendre les
flots ou à en extraire les richesses; dans l'air,
pour conquérir et dompter l'espace éthéré.

Même le vent, jadis abandonné pour son irré-
gularité, sert; on le prend quand il est prêt et on
emmagasine sa force soit à élever de l'eau, que
l'on retrouve au moment voulu, soit en des accumulateurs électriques. Les chutes d'eau naturelles ou artificielles sont de même utilisées,
aéro ou hydro-moteurs anémoscopes ou tur-
bines se sont très multipliées à la fin du xix° siècle. Les chaudières, dont nous avons suivi l'évolution et qui semblaient avoir dit leur dernier
mot, sont tubulaires, semi-tubulaires, multi-tubu-
laires, utilisant l'eau à toutes les températures,
diminuant les frottements et les pertes de rendement.

L'air chaud et surtout l'air comprimé — celui-ci
a déjà vu, dans la partie théoique, en le chapitre
de la physique, exposer quelques-unes de ses
applications reliant ainsi l'idée à l'utilisation —
font mouvoir un certain nombre d'appareils.

Les moteurs à explosion sont des moteurs à
gaz, essence de pétrole ou gazoline, pétrole lam-
pant et gaz pauvre qui trouvent leur origine dans
les anciens projets de machine à coudre, repo-

sent absolument sur le même principe et ne dif-
fèrent que par la nature du gaz ou de la vapeur
combustible qui les alimente; tous utilisent la force
de dilatation résultant de l'explosion ou de la
combustion d'un mélange détonant pour soulever
un piston moteur. Ils sont à explosion avec ou
sans compression, ou atmosphériques. L'allumage est généralement électrique et se fait au
moyen de bobines variées. Les moteurs à gaz
sont très répandus, surtout dans les villes où le
gaz d'éclairage est dans toutes les maisons. Pour
les routes, l'automobilisme, le pétrole, qui a
tenu longtemps le record, est en voie d'être
supplanté par l'alcool. On élève l'eau, on éclaire
les villes à l'électricité, on leur donne de la force
motrice.

*
* *

La *traction mécanique* nous est connue, puisqu'elle s'effectue par la vapeur, notamment en
l'électricité qui peut être dérivée d'elle. Cependant il existe des systèmes mixtes, comme la
locomotive Heilmann où, *in loco*, la vapeur produit l'électricité, ce qui donne, malgré les pertes
qu'exige toute transformation, une souplesse,
une douceur de fonctionnement, une stabilité et
une puissance que n'a pas la simple machine à
vapeur. Dans les tunnels, à Paris, notamment
pour les trains du chemin de fer d'Orléans, et
auparavant à Baltimore, pour ceux de la ligne
Baltimore and Ohio Railway, la traction est
purement électrique. Des trolleys ou des contacts
souterrains — voir l'*Année Électrique* de 1900 —
donnent l'électricité aux chemins de fer ou aux

omnibus électriques, aux trains à crémaillères...
Avant même Paris, surtout avant Paris, en province on voyait passer — c'est le récit pittoresque
d'un Parisien ayant été à l'Exposition de Rouen
en 1896 — « une voiture d'un jaune clair, admi-
rablement éclairée, si remplie, qu'elle semblait
destinée à prouver combien l'être humain est
compressible. Elle n'était précédée d'aucun animal, mais son toit était relié par une sorte de
grosse canne à pêche à un des fils qui suivaient
la rue. La canne à pêche courait le long de ce fil
d'où, à son contact, jaillissaient quelques étin-
celles bleues. La voiture roulait avec rapidité,
sans effort. D'autres la croisaient. Les voitures
succédaient aux voitures, sans bruit, toujours
aussi remplies... »

Le Métropolitain de Paris, inauguré en 1900,
est aujourd'hui dans ce cas.

Les accumulateurs électriques, lourdes lames
de plomb trempées dans de l'eau acidulée qu'elles
ont électrolysé, servent aussi à la traction des
omnibus, des voitures automobiles, mais leur
poids est un grand obstacle.

Les omnibus, des voitures automobiles, certains tricycles, et même bicyclettes, breaks sont à
vapeur, à pétrole, à essence, à accumulateurs...
On peut utiliser ces mêmes forces pour la propulsion et la traction des bateaux ; on peut adap-
ter à ceux-ci des moteurs appropriés, des godilles
électriques, d'énormes rouleurs lenticulaires qui
glissent sur l'eau... Aux véhicules aériens, on fit
de même, avec d'identiques forces motrices.

CHAPITRE IV

L'ÉLECTRICITÉ

Production. — Phénomènes généraux. — Éclairage électrique. — Téléphones. — Télégraphes. — Force motrice. — Electro-chimie.

L'électricité était connue au XVIIIᵉ siècle comme agent guérisseur et appliquée par Nollet, Marat. La fin vit la pile de Volta. Elle a rempli, avec la vapeur, le XIXᵉ siècle, qui est aussi bien celui de la vapeur et de l'électricité. Le XXᵉ siècle la verra se développer encore; Son existence, si courte et déjà si bien remplie, est une épopée. L'*Électricité et ses applications* — voir « Livres d'Or » de la science — nous révèlent des merveilles que des doigts ou une intelligence de fée, même au temps des contes de Perrault, eussent été impuissants à réaliser et même à rêver. Et quels moyens simples pour produire des effets énormes. Des frottements donnent une force analogue à la foudre; des débris de métaux que rongent des acides ou des fils de cuivre tournant autour d'un aimant, et les maisons s'éclairent, de lourdes machines s'ébranlent, marchent et volent...

L'électricité, dit-on encore, même et surtout en des discours académiques, est un fluide mystérieux en son essence, — on évoque alors

l'idée de divinités antiques, et l'on se rend
compte de ses merveilles et de ses miracles. Mais
plus terre à terre, l'électricicité nous apparaît
plus compréhensive, plus simple, plus utilisable,
en la voyant matérielle, en la voyant se transporter elle-même, non comme un fluide, non
comme une force consciente, mais matière en
mouvement...

Et l'électricité, machine souvent invisible, mais
réelle, marchera, détruira, décomposera, agi-
tera, chauffera, à l'instar des phénomènes qui la
produisent.

En la pile, qu'elle soit de Volta ou de ses innombrables successeurs, que se passe-t-il ? Une
réaction chimique, du zinc s'oxyde et se sulfate,
de l'eau est décomposée, de la chimie se fait.
Portez cette force au loin par des fils, et les
corps, même très composés, se décomposeront.
Les agents, unis d'un même corps cohéré, qu'il
s'agisse d'une substance simple ou d'une substance complexe, seront séparés, mais certains,
selon une sorte de sympathie qu'on appelle l'affinité, retiendront les atomes différents mis ensemble. Cette électrolyse avec séparation par
l'électricité sera utilisée en médecine, en métallurgie, en industrie...

Les mouvements de la matière se transforment
soit en se rencontrant, soit par le voisinage, le
choc de la matière elle-même ; le fer frappé par
le marteau s'échauffe, la propulsion mécanique
du marteau est détruite, mais le fer et le marteau
ont plus de calorique, une balle de plomb rencontrant un obstacle fond... Un rayon de lu-

mière — a démontré en 1843 le physicien anglais Grove avec un appareil spécial — peut
produire une action chimique, de l'électricité,
du magnétisme, de la chaleur et du mouvement.
Ce dernier domine tout, c'est l'unité des forces
physiques pouvant alternativement toutes les
reproduire par de simples modifications, selon
ses besoins, l'homme produira donc, est arrivé à
produire telle ou telle force, et l'électricité notamment.

⋆

Avec les réactions chimiques simples des piles,
l'homme appelle son semblable ou lui parle à
distance — la sonnerie électrique, piles avec
électro-aimant, existe aujourd'hui dans toutes
les habitations domestiques — avec des appareils
imprimants que celles-ci meuvent au loin,
l'homme télégraphie sa pensée et sa parole, il
peut l'écrire lui-même (*pantélégraphe*, *télautographe*); avec une plaque vibrante, il parle sa
pensée, et sa voix est entendue, c'est le téléphone.

Devant la faiblesse des moyens employés, on
est, à bon droit, étonné de la puissance des résultats. Que faut-il, en somme, pour les obtenir? Des piles, avons-nous dit, c'est-à-dire de
petits vases où s'effectuent des dissolutions chimiques de corps appropriés, qui développent,
produisent la force électrique, deux fils, un seul
fil le plus souvent, et enfin une sonnerie, c'est-
à-dire une sorte de fer à cheval, entouré de petits fils et ainsi capable, sous l'action du courant,

d'attirer une petite tige de fer placée en face; avec cela, on appelle au loin ; si l'on ajoute à la sonnerie un autre système, encore un petit fer à cheval, avec fils autour, mais en face une pointe traçante, imprimante, on écrit au loin ; si au lieu de cette pointe, une plaque vibre, attirée et repoussée par le courant, on parle à distance... Quelle simplicité de procédés, quelles infinies ressources, et il le faut répéter, quelles merveilles obtenues et réalisées. Mais c'est loin d'être tout !

Ces mêmes petits vases de verre, générateurs d'électricité, vont encore avec leurs deux fils, porter à des charbons placés en face l'un de l'autre leur force qui n'est plus cette fois du mouvement, mais de la lumière ; en face des charbons jaillit un trait de feu, c'est l'arc électrique ! On peut encore en des vases de verre où l'on a enlevé l'air, placer un charbon spécial filamenteux qui, lui, ne s'usera plus, et restera incandescent, lumineux presque indéfiniment, c'est la lampe à incandescence.

Veut-on reproduire une médaille de prix et indéfiniment, on la place dans une pile, en des conditions déterminées et la galvanoplastie la donnera avec une fidélité parfaite, avec sa finesse de détails, et cela, un nombre incalculable de fois !

S'agit-il de faire tourner une machine à coudre, un petit appareil de gravure..., les piles suffiront encore.

Ces effets, quoique merveilleux, sont à l'aurore du XX° siècle, considérés comme insignifiants, et on les multiplie, oh combien ! depuis la découverte de Zénobe Gramme, l'immortel ouvrier, mort le 20 janvier 1901 et qui put voir son succès. Nous remarquerons en passant que les plus grandes découvertes électriques et les plus utiles ne sont pas dues à des théoriciens, mais à des empiriques, à des ouvriers surtout. C'est le typographe Franklin qui s'amuse en un laboratoire minuscule, à diverses expériences sur le nouveau fluide ! — c'était vers 1750 — et y excelle bientôt, y faisant d'ingénieuses constatations ; c'est l'ouvrier Ruhmkorff qui trouve la bobine ayant gardé son nom, laquelle d'abord, simple curiosité de laboratoire, est devenue si utile pour les rayons X et la télégraphie sans fil ; c'est l'ouvrier Gramme qui a l'idée de faire tourner des fils de cuivre en bobine devant des aimants ou des masses de fer, ce qui y produit un courant autrement énergique que n'en peuvent donner les piles les plus fortes et à un prix de revient infiniment moindre ; c'est le petit conducteur de trains Edison, si connu aujourd'hui qu'il ne se peut faire une découverte électrique dans le monde entier qu'on ne la lui attribue.

Cependant quelques noms de savants émergent, quoique moins connus du grand public, ici même, par extraordinaire, ce sont eux qui ouvrent la voie. C'est Galvani, l'immortel maître de danse des grenouilles ; c'est son rival Volta ; c'est Humphry Davy qui, dès 1808, éclaire, décompose les corps ; c'est Faraday qui établit les lois de l'électrolyse et de l'induction ; c'est sir William Thomson (Lord Kelvin) qui permet à la

télégraphie de franchir les océans ; c'est Graham
Bell qui découvre le téléphone («la merveille des
merveilles»); c'est le docteur Edouard Branly qui
trouve le tube à limailles, radio-conducteur, qui
permettra aux ondes électriques hertziennes de
s'élancer en quelque sorte, à travers l'espace,
sans fils, et de transmettre ainsi des signaux.

⁎

L'éclairage électrique s'obtient, nous l'avons
vu, par des charbons placés en face l'un de
l'autre, mais qui ont alors le tort de s'user et
qu'il faut rapprocher manuellement ou automatiquement; ce fut le premier éclairage de ce genre,
il est de 1813 et dû à Davy, et en 1813, l'expérience fut renouvelée avec des charbons dans le
vide. Mais Léon Foucault en 1844, avec le docteur Donné, eut l'idée de l'employer à regarder
des objets microscopiques, et l'essayait en un
hospice de femmes en couches (Louis Figuier),
il inventait plus tard (1848) son régulateur, mais
dès le mois de décembre de 1844, la place de la
Concorde à Paris était éclairée par cent éléments
de Bunsen, logés dans le soubassement de la
statue de la ville de Lille, vers la rue Royale.
Les régulateurs de lumière furent perfectionnés
par divers inventeurs. Foucault, esprit indisci-
pliné, ne fut l'élève d'aucune école scientifique,
il fit de la médecine, de la littérature scientifique
et surtout de la physique, le tout à sa guise,
sans conseils, sans théorie, ni formule imposée.
L'expérience, était pour lui, seule indispensable
en science et il dédaignait les calculs.

La bougie électrique est due à un officier russe, Paul Jablochkoff, en plaçant non plus les charbons en face, mais latéralement et les séparant par une substance fusible (1876).

L'œuf électrique à charbons dans le vide d'Humphry Davy, de 1813, principe de l'actuelle lampe à incandescence a été repris par W. 'Star (1845) et de Changy (1858). Ce dernier mit même plusieurs lampes sur le même trajet de courant continu, ce qui fut considéré comme impossible par l'Académie des sciences de Paris.

Jablochkoff inventa également en 1878 une lampe à incandescence dans le vide avec une aiguille d'argile de kaolin interposée dans le courant électrique, mais la pratique ne la sanctionna pas.

Edison en 1879, prit le platine, puis en 1880, le bois carbonisé comme filament de la lampe à incandescence qui, dès lors, exista réellement. Divers perfectionnements y furent apportés.

L'éclairage utilisa d'abord comme source de courant voltaïque, les piles de Volta, puis la pile de Bunsen au charbon et à l'acide azotique, puis la pile de l'ouvrier français Grenet au bichromate de potasse, puis les piles secondaires ou *accumulateurs* au plomb, de Gustave Planté, et enfin l'on revint au mouvement, non plus de frottement de l'électricité statique, mais de déplacement d'un aimant devant des fils de cuivre ou réciproquement, donnant un courant (Arago, Babbage et Herschel, Faraday). Les premières machines magnéto-électriques sont de Clarke, de Pixi, de la compagnie l'Alliance, de Meritens;

mais l'ouvrier Gramme, fit la plus parfaite, celle qui depuis plus de vingt ans est consacrée par la pratique et qui figura à la première exposition d'électricité, à côté des lampes Edison, en 1881.

Les rues, les places, les boulevards, les maisons, les gares, les phares, les édifices publics, les théâtres, l'intérieur des eaux, de la mer ou des animaux, voire de l'estomac, furent bientôt éclairés par des lampes électriques de puissances ou de calibres divers selon les cas ; les dangers d'incendie ont diminué ainsi en de grandes proportions.

**

M. Graham Bell, que j'eus l'heur de voir à la présidence de la République, à l'occasion des congrès scientifiques de l'Exposition de 1900, devait inventer aussi sa « merveille des merveilles » en un hospice ; ce ne fut pas en un hôpital de femmes en couches, mais en un établissement de sourds et muets, et il faisait même partie de ce congrès quand je lui fus présenté par le président, mon ami, le docteur Ladreit de Lacharrière. Le xixe siècle, suivant des aspirations antérieures de Rodrigue Pereira, des abbés de l'Epée et Sicard, a largement développé ces tendances humanitaires, il a appris aux muets à parler et il fait entendre déjà un grand nombre de sourds ; Alexandre Melvill Bell avait étudié la phonation, son fils Graham compléta son œuvre et connut, par le physicien de Boston, J. Ellis, les recherches d'Helmoltz sur

l'analyse et la synthèse des sons par des diapa-
sons reliés à un courant électrique ou à un électro-
aimant; en somme, un diapason vibrant par l'action intermittente d'un électro-aimant. Graham
Bell étudia alors la physique, la musique galva-
nique du professeur Page (1837), les vibrateurs
électriques de Froment et Petrina (1847 et 1852),
la transmission à distance de sons musicaux et
humains de l'instituteur Philippe Reis (1860), en
utilisant comme Page, devant une sorte de
tympan artificiel ou téléphone, les interruptions
d'un courant électrique en rapport avec un fil
conducteur. La voix humaine, ainsi transmise,
était plus qu'imparfaite. Léon Scott, simple
typographe, l'avait inscrit sur une membrane vibrante; mais, dès 1857, un simple employé des
postes, M. Ch. de Bourseul, avait eu l'idée de
la transmettre par un courant électrique. M.
Graham Bell partit des idées de Reis, l'imita
d'abord en son oreille téléphone et arriva à
l'actuelle membrane métallique vibrante placée
en face d'un électro-aimant; il en prenait, après
bien des retards, le brevet, le même 24 février
1875. deux heures avant Elisah Gray.

Le télégraphe à ficelle ressuscita à l'annonce
du téléphone. Bientôt Graham Bell perfection-
nait son premier modèle, en supprimant l'électricité et utilisant simplement un aimant et de
petites bobines de fil conducteur isolé. A la
même époque, Hughes, l'inventeur du télégraphe imprimant, utilisant ce principe découvert par Th. du Moncel sur la variation d'intensité électrique par la pression au contact des

conducteurs, faisait le *microphone* qui renforça les sons. Désormais, la transmission parfaite de la voix était un fait accompli et le téléphone est entré dans la pratique courante, au point d'entendre l'opéra à domicile. .

Le téléphone sans fil, venu après le télégraphe sans fil, comme le téléphone est apparu après le télégraphe ordinaire, est devenu une réalité très pratique pour les physiciens!

⁎⁎⁎

Le *télégraphe* ou l'idée de communiquer à distance n'est pas nouvelle; les anciens allumaient des feux sur les montagnes, mais les signaux aériens de Chappe sont récents puisqu'ils sont de 1790 et fonctionnèrent jusqu'en 1845 et même en 1855 à Sébastopol. On avait essayé l'eau comme conducteur de l'électricité statique, et Steinheil, de Munich, fit la même constatation pour l'électricité voltaïque en 1838, dont Wheatstone avait déterminé la vitesse de transmission; mais ce fut Samuel Morse qui construisit, quoique pauvre et sans ressources, le premier télégraphe électrique en 1843, son alphabet par points et traits est encore souvent employé. Bréguet et Hughes firent des télégraphes à alphabet ou imprimant. Au moyen de son galvanomètre à miroir et dérivé des expériences de déviation de l'aiguille aimantée par les courants (Œrsted, 1819), mises en lois par Ampère (1820), et malgré les énormes déperditions des câbles à travers la mer, lord Kelvin permit les plus éloignées transmissions. En 1864,

Edison faisait passer deux dépêches dans le
même fil en même temps, nombre bien accru
depuis. Caselli, vers 1864, transmit l'écriture
elle-même par des décompositions chimiques
(pantélégraphe), et Ritchie, en 1900, exposait son
télautographe où les variations d'intensité du
galvanomètre se répercutent à distance et s'ins-
crivent. Bourbouze en 1870 essaie la transmission
par l'eau, des courants télégraphiques. Enfin, le
docteur Edouard Branly démontrait en 1890
qu'à distance une étincelle électrique diminuait
en de la limaille métallique placée entre des fils
conducteurs, la résistance, le nombre d'ohms
du physicien Ohm qui mesura les obstacles
électriques au passage d'un courant ; celui-ci
qui ne passait pas avant la production des ondes
électriques ambiantes, dites ondes hertziennes,
de Henri Herz, qui les découvrit en 1888, passait
ensuite ! Marconi appliqua et vulgarisa la découverte, et l'on transmettait, à la fin de 1900, des
signaux, sans le moindre fil ni conducteur, à
60 kilomètres de distance, très accrue aujour-
d'hui ; une bobine de Ruhmkorff donne une étincelle qui rend conducteur à 60 kilomètres un
peu de limaille, alors un courant qui faisait
antichambre et attendait, passe, déclanche sonnerie, télégraphe Morse, et imprime un signal,
pour recommencer indéfiniment. Ainsi empê-
chera-t-on dans les brumes les navires de se
rencontrer, les trains de se heurter ; pour ces
derniers, il existe déjà maints block-system qui
ont rendu les collisions sur les voies ferrées des
plus rares. On dirige ainsi les torpilles et on a

émis la prétention, non ridicule, de diriger par
la télégraphie sans fils les ballons dans l'espace.

***

La *force motrice*, facile pour de petits mouvements, avec les piles, est devenue d'un grand
emploi industriel pour les machines magnéto-
électriques, celles de Gramme, notamment. On
la produit suivant trois principes : l'aimantation
artificielle du fer ou de l'acier par le courant
électrique (Arago); l'action à distance des courants électriques les uns sur les autres (Ampère),
la production de courants dits induits par le
mouvement d'un corps conducteur se déplaçant
dans le champ magnétique d'un aimant perma-
nent ou temporaire (Faraday). Le télégraphe
Morse est, en somme, un moteur électrique
accomplissant un travail mécanique d'impression.
Jacobi, l'inventeur de la galvanoplastie, mit en
mouvement, en 1839, un bateau sur la Néva.
Gustave Froment fit, en 1844, un moteur à mouvement alternatif, puis un grand électro-moteur
actionnant des machines à diviser. En 1865,
M. Marcel Deprez construisit un petit moteur
électro-magnétique qu'adapta M. Gustave
Trouvé à un vélocipède, puis à un canot (1881),
où l'électricité était fournie par des piles au
bichromate de potasse. En 1873, M. H. Fontaine
remarqua la réversibilité de l'électricité, c'est-à-
dire le fait que si deux machines Gramme sont
reliées ensemble, elles donnent l'une ou l'autre
et à volonté de l'électricité et du mouvement. Le

transport de la force à distance était désormais
un fait accompli. En 1879, à Sermaize (Marne),
le labourage électrique se faisait et la force
venait de l'usine. Un petit chemin de fer portatif,
avec moteur électrique, pouvait prendre les lettres
sur son parcours (1879 et 1880). A l'Exposition d'électricité de Berlin de 1879, une locomotive électrique de M. W. Siemens remorquait
des wagons ; à celle de Paris 1881, le même
inventeur exposait un tramway électrique.
M. Marcel Deprez exposait aussi son système de
transport de force qui fut essayé encore à l'Exposition d'électricité de Munich en 1882 (50 kilomètres), puis au chemin de fer du Nord à Paris
en 1883. Heilmann en 1897 essaie sa locomotive
électrique au chemin de fer de l'Ouest. Celui
d'Orléans, a, en 1900, tous ses trains électriques.
Dans Paris qui a également son chemin de fer
métropolitain, sont maints tramways électriques
avec accumulateurs ou force à distance...

⁎

L'*électro-chimie* a permis d'isoler ou de fabri-
quer des corps nouveaux ; le courant permet
aussi, dans les fours électriques, d'obtenir des
températures considérables impossibles auparavant C'est ainsi que se fabrique notamment le
carbure de calcium (H. Moissan) nécessaire à la
production de l'acétylène. On peut amalgamer
le zinc, souder, fondre, cuivrer, métalliser,
obtenir le carborundum, le phosphore, le gaz
des ballons, la céruse, la nitroglycérine, le fer,
le nickel, l'or ; on peut vieillir les bois, les

6

alcools ; stériliser ou décolorer par l'ozone les
eaux ou liquides impurs ou colorés... En médecine, en hydrologie, la théorie des *ions* permet
de comprendre ou d'imaginer divers modes
curatifs par pénétration médicamenteuse ou
colloïdale (F. Garrigou, Foveau de Courmelles,
A. Robin...)

CHAPITRE V

LA LUMIÈRE

La lumière, force matérielle. — Les phénomènes lumineux. — Les diverses sources d'éclairage. — La
photographie. — La lumière, moyen de diagnostic et
de guérison. — La lumière, messagère.

La lumière, dont d'instinct, le peuple a trouvé
l'utilité en y exposant pour les assainir ses linges
souillés ou ses malades pour les réconforter ; la
lumière que la plante recherche d'instinct, au loin,
en la plus parfaite obscurité et s'y dirige, telle la
clandestine écailleuse du professeur Schwellgri-
chen (de Leipzig) qui, de sa dimension normale,
15 ou 20 centimètres, atteignit en les mines profondes du Mansfeld 120 pieds pour aller vers le
fluide lumineux, tels les longs filaments des
pommes de terre placées dans les caves et qui s'é-
lèvent parfois de 25 pieds au-dessus du sol vers
le soupirail lumineux et non vers le soupirail
aéré ; la lumière, qu'en raison de son éclat, de
sa chaleur, les anciens ou maints peuples, soi-
disant non civilisés de l'heure présente, adorent
ou personnifient en le soleil ; la lumière, le
« Géant Lumière » du poète, est aujourd'hui
sinon plus adorée, du moins plus utilisée et plus
appréciée que jamais ! A quelles merveilleuses
inventions n'a-t-elle pas, presque autant que
l'électricité, donné naissance !

Que de fois les savants se sont passionnés sur sa genèse, ses modes de transmission, ses théories !

La science est bien obligée de s'arrêter à un moment donné, soit devant l'inconnu connaissable dans l'avenir, soit devant l'incognoscible. On peut donc dire pour l'*éther*, ce fluide dit impondérable, nécessaire à la transmission de l'onde lumineuse, que la lumière et la chaleur des astres semblables au nôtre, roulant dans l'espace, nous est transmise, comme si ses mouvements vibratoires se propageaient à travers le vide des espaces interplanétaires, en ce milieu éthéré dit impondérable ! Newton admettait que la lumière, par exemple, n'était pas un fluide dans le sens ordinaire donné à ce mot, mais bien une substance matérielle qui se divisait en particules heurtant notre organe visuel. Descartes combattit cette idée et avec Young, Fresnel, se substitua l'hypothèse des ondulations se propageant en cercles concentriques, en rond, comme la pierre jetée dans l'eau y provoque des cercles de plus en plus grands et de moins en moins visibles.

Mais voilà que la théorie de la matérialité des forces physiques reprend force et vigueur et qu'il faut revenir à la théorie de Newton, de nouveau d'actualité depuis la découverte de cette lumière invisible que le grand physicien de Wurzbourg, le professeur Rœntgen a appelée rayons X. En l'ampoule de Crookes où se produisent ces radiations obscures existe un vide presque parfait, extrêmement considérable d'ailleurs, et la lumière s'en échappe cependant ! La lumière solaire, telle qu'elle nous arrive, ne traverse pas le vide que nous pouvons faire, elle est donc déjà semblable à cette lumière X qui se transmet dans l'espace raréfié du tube de Crookes ou tout au moins l'est-elle depuis sa transmission à travers notre atmosphère. En heurtant notre air de plus en plus dense, comme le font les rayons cathodiques en heurtant la paroi du verre à leur sortie, la lumière solaire se transformerait-elle, — c'est l'effet habituel du choc en physique — en chaleur, lumière et électricité (1). C'est le radium de M. et Mme Curie, la lumière noire et la dématérialisation de la matière de Gustave Le Bon.

∗∗∗

Ainsi comprenons-nous déjà maints phénomènes d'électricité de l'espace, la lumière éclairant ou échauffant inégalement divers milieux, diverses couches nuageuses, y produirait les vents, les frottements, les orages... C'est aussi par une savante utilisation du fluide lumineux que maints inventeurs ont procédé. C'est ainsi qu'Archimède, utilisant le soleil en un gigantesque miroir parabolique, en concentrait les parallèles rayons en un foyer qui était un bâteau romain assiégeant Syracuse, l'enflammait et le détruisait ; c'est de même que Mouchot faisait récemment, en son appareil, son café ou cuire

---

(1) Dr Foveau de Courmelles. *Les rayons X en optique et en ophtalmologie. Indépendance Médicale*, 6 avril 1898 ; et *Nouvelles théories de la vision et de la lumière, La Radiographie*, 10 juin 1898.

toute alimentation placée au foyer d'un miroir parabolique recevant les rayons solaires, moyen commode pour les explorateurs des régions africaines ; c'est ainsi encore qu'on peut multiplier la puissance éclairante des lampes électriques ou autres en les plaçant audit foyer et en dirigeant à volonté le faisceau lumineux parallèle qui en est émis. C'est ce que font les phares pour prévenir les navires des écueils en une large zone. C'est la lumière artificielle qui participe des propriétés de la lumière solaire, presque identiquement si l'on veut, électriquement ou autrement, et qui nous dispense à tout jamais des affres de l'obscurité et de l'ombre.

L'inventeur de la première lumière artificielle qui fut évidemment le feu, pour le plus grand bienfaiteur de l'humanité qu'il soit, est resté inconnu. Mais combien divinisé en les mythologies antiques et les légendes des divers peuples. C'est Prométhée volant aux dieux le précieux secret et si cruellement puni ; ce sont les Vestales, vouées à sa conservation et combien farouches!...

L'homme audacieux ne se contenta pas de ces théories de l'émission ou des ondulations, il voulut connaître la vitesse de la lumière; Rœmer et Bradley le firent jadis dans l'espace, mais Arago, Fizeau, Léon Foucault l'établirent sur la terre, de 308,000 kilomètres à la seconde.

Combien multiples et divers les mouvements de la lumière selon les surfaces ou les milieux rencontrés, elle se réfléchit, elle se réfracte, elle se rencontre, elle dévie ou se décompose dans le prisme, elle chauffe, elle produit de l'électricité, elle influence chimiquement les papiers sensibles (*photographie*), elle fait briller par emmagasinement et même disparue certaines substances (*phosphorescentes*), elle se diffuse, elle s'absorbe ou s'éteint elle-même par la simple rencontre de ses rayons avec ceux d'une autre source lumineuse (*interférences*), ses flammes peuvent être chantantes ou transmettre la parole humaine ; celle-ci, simple son, peut emprunter les ailes de la lumière et de 340 mètres par seconde, se transmettre à raison de 308.000 kilomètres ; on peut la régler pour converser au loin ou prévenir de dangers (*télégraphie optique, phares*) ; selon les astres, la nature des métaux comburrents qui la détermine est connue (*analyse spectrale*) ; sur la terre, cette comparaison des flammes est un moyen d'analyse chimique ; une fente lumineuse produit des zones alternativement claires et obscures de *diffraction* ; une bulle de savon ou toute autre substance très mince et transparente offre des effets d'irisation et de couleurs très vives ; la lumière solaire décomposée dans le prisme depuis Newton donne la dispersion de ses sept couleurs, violet, indigo, bleu, vert, jaune, orange, rouge et deux zones obscures, l'une chimique, l'ultra-violet, l'autre thermique, l'infra-rouge ; un rayon lumineux à travers certaines substances, le spath d'Islande, le quartz, divers liquides (huiles essentielles, dissolutions sucrées, gommées...) devient double (*réfraction et polarisation*), et chacun des rayons peut, à son tour, être réfléchi, réfracté, polarisé, de là des procédés d'analyse (*saccharimétrie*, *polarimétrie*).

Pour d'aspect spéculatif qu'ils apparaissent, ces phénomènes n'en ont pas moins une portée scientifique, industrielle, médicale et thérapeutique considérable.

⁂

Les progrès réalisés par le xix° siècle pour s'éclairer, individuellement ou collectivement, sont considérables. De l'antiquité jusqu'en 1780, on n'employa que des lampes, souvent élégantes et artistiques de forme, mais formées d'une mèche de coton trempant dans l'huile, sans verre autour ; lampes fumeuses et sans clarté, douées d'une odeur déplorable.

A cette douteuse clarté, Cicéron, Tacite, Horace, Montaigne, Rabelais, Corneille, Racine, écrivirent leurs chefs-d'œuvre ! Mais en 1780, le physicien genevois Argand inventa la cheminée de verre qui donna à la flamme tant d'éclat et qui se retrouve même dans les becs d'éclairage au gaz ; on adopta les lampes d'Argand aux phares et l'ingénieur Teulère pour y reproduire les éclipses y adapta un mécanisme rotatif.

Les chandelles formées de suif et d'une corde au milieu, fumeuses, malodorantes, sont devenues, par la découverte des corps gras de Chevreul, des bougies blanches, brûlant bien et sans odeur ; les cierges sont fabriqués avec la cire des abeilles. Philippe Lebon, trouva, en chauffant sur le feu une fiole remplie de sciure de bois et dont la fumée s'enflamma par hasard, le gaz d'éclairage ; il fut assasiné, on ne sut jamais par

qui, en 1804, et l'Angleterre avant la France —
comme presque toujours — adopta la merveilleuse découverte. Nous eûmes ensuite longtemps après, nous l'avons vu à propos de l'électricité, l'éclairage par l'arc et la lampe à incan
descence. Et enfin, le gaz formé de carbure,
d'hydrogène, formène et éthylène, extrait de la
houille, où l'on trouve encore une foule de sub
stances chimiques en les résidus ; le gaz d'éclairage, menacé par l'électricité, s'est vu renaître
par des manchons qui, mis dans la flamme, lui
donnent un vif éclat tout en diminuant la dépense.
Mais l'éclairage prochain, simple, où nulle ad-
ministration n'a pas à intervenir, où le consom-
mateur produit lui-même à peu de frais et simplement son gaz, est celui par l'*acétylène.* Ce
carbure d'hydrogène, entrevu par Davy en 1836,
fabriqué dans l'œuf électrique par Berthelot,
s'obtient en projetant du carbure de calcium
dans l'eau. C'est l'éclairage le plus brillant et le
moins coûteux, vingt fois moindre que la bougie
stéarinée et trois fois moins que la lampe à incandescence, à égalité du carcel-heure. Des
lampes portatives, isolées, fabriquent eux-mêmes
et sans danger leur gaz acétylène.

Même les animaux, noctiluques, grégarines,
et certains microbes spéciaux... illuminent la
mer, ou... nos appartements (Raphaël Dubois,
Exposition universelle de 1900).

.*.*.

Si, dans une boîte obscure fermée de toutes
parts, on pratique un petit trou par lequel passe

un rayon de soleil; on voit se peindre, renversés sur le fond de la boîte, les objets qui sont en face. C'est ce qu'on appelle la chambre obscure. Il faudrait pouvoir, se disait Joseph Nicéphore Niepce, fixer sur du métal ou du papier cette image qui vient se peindre et ce dessin fait par le soleil serait d'une merveilleuse fidélité, mais il faudrait une substance que le soleil noircisse. Niepce chercha, sans être satisfait, tout en copiant des gravures sur l'argent poli au moyen du bitume de Judée et de la lumière de 1813 à 1829.

Le peintre Daguerre pensait à la solution du même problème, il eut connaissance des idées de Niepce et en 1830, la *photographie* sur métal ou Daguerréotypie était communiquée à l'Académie des sciences. Parallèlement, Talbot, de 1834 à 1839, impressionnait dans la chambre obscure une feuille de papier imprégnée de chlorure d'argent, ce qui donnait une image négative ; puis, il la plaçait sur une seconde feuille de papier sensible qu'il exposait au soleil et qui était inverse de la première et positive. La pose était longue, aujourd'hui, grâce au gélatino bromure d'argent, la photographie est instantanée. On reproduit facilement avec de la gélatine isolée, avec du zinc, les photographies, en *phototypie, photogravure*, à un plus ou moins grand nombre d'exemplaires. On agrandit à volonté les images et la microphotographie a permis en science l'examen et la conservation des détails scientifiques des infiniment petits.

La photographie instantanée a permis d'analyser les éclairs (Trouvelot), les allures des animaux (Muibridge, puis Anschütz), le saut, la course, le vol, en des temps égaux (Demeny, Marey), la balistique et le lancement des torpilles (général Sebert), les attitudes et la marche des malades à la Salpêtrière (A. Londe). La chronophotographie est devenue une véritable science et un amusement ; à la suite du phénakisticope, du zootrope, du praxinoscope, du tachyscope, du kinétoscope, du kinétographe, de l'héliocinégraphe, du pantominographe, du biographe, du photozootrope... est venu le *cinématographe*.

La découverte de Rœntgen des rayons X en 1895 a permis de photographier à travers les corps opaques et de conserver des documents sur l'organisme humain interne, sain ou morbide, et de suivre la marche des maladies. Enfin, MM. Becquerel, Poitevin, Charles Cros et Ducos de Hauron, Lippmann, MM. Lumière ont obtenu, par la superposition de trois clichés pris à travers du rouge, du jaune et du violet et superposés, la *photographie en couleurs*. La rétine de l'œil humain a des propriétés photographiques et présente, chez des animaux sacrifiés, l'image des derniers objets vus (Boll et Külme) ; certaines rétines d'aveugles voient, comme la plaque sensible, les rayons X que les normaux ne perçoivent pas (Foveau de Courmelles).

***

La lumière est venue suppléer à l'imperfection de la vue. Elle traverse, avec les rayons X, les corps opaques et diagnostique en le corps humain la présence de projectiles, de maladies (tuberculose, cardiopathies, lésions vasculaires, goutte, rhumatisme...); de petites lampes, introduites dans les cavités naturelles, elle permet d'examiner la bouche, le larynx, la vessie, l'estomac, l'œil lui-même... Mais elle peut encore permettre à celui-ci, anormal ou affaibli, de voir comme tout le monde. Les lunettes ne sont pas du xixᵉ siècle, même celles qui permettent de voir au loin, puisqu'on connaissait la lunette de Galilée, dont deux accouplées forment nos actuelles jumelles marines ou de théâtre; mais combien perfectionnées et développées; ne peut-on pas presque dire qu'il n'y a plus de myopes, de presbytes, d'astigmates, d'hypermétropes. L'œil voit à toutes distances avec les puissants télescopes, et l'Exposition Universelle de Paris de 1900 montrait la lune à 4 kilomètres, ce qui, avec des photographies agrandies, pouvait la faire supposer à un mètre ; déjà, Camille Flammarion, avec des instruments perfectionnés par lui, nous avait longuement décrit la planète Mars, ses canaux... Cependant, certaines couleurs peuvent n'être pas perçues (daltonisme), et, au contraire, des nuances presque invisibles, être notées par des individus malades (Helmholtz). Le miscroscope permet de voir les plus petits animaux ou végétaux, bacilles, microbes.

Nous avons noté en biologie la *chromothérapie* ou actions des couleurs sur les nerveux et les déprimés (Foveau de Courmelles, 1890). Le même auteur a constaté et utilisé pratiquement

après Lahmann et Finsen, mais en la rendant
pratique et simple, l'action de la *lumière obscure*
(rayons ultra-violets) sur les diverses tuberculoses, cutanée, osseuse, pulmonaire, sur les microbes qui sont rapidement détruits, et sur diverses dermatoses, canceroses... La variole, la
scarlatine et la rougeole, ne suppurent ou ne
desquamment pas, si la chambre des malades a
des rideaux rouges (Finsen). Les grands bains
de lumière ou *héliothérapie*, les promenades au
soleil, dans un parc, déshabillé, rendent les plus
grands services. Enfin, la lumière guérissante,
facilement acceptée ou simple à produire, est
aussi une grande invention du xixe siècle.

**

La lumière peut, par des signaux optiques,
transmettre la pensée humaine, mais encore prêter les ailes vertigineuses de sa vitesse au son,
elle le peut même reproduire, avons-nous dit.
Elle détermine le mouvement des ailettes dans
le radiomètre de William Crookes, et c'est peut-
être là une nouvelle et permanente source d'é-
nergie. Des courants électriques peuvent la
produire par influence et illuminer à distance
des lampes isolées (Tesla). Si la lumière tombe
d'une façon intermittente, sur un disque tournant
en verre recouvert d'une feuille opaque percée
de quelques trous, le faisceau lumineux tombant
ainsi trois cents fois par seconde sur une plaque
en mica enfumé d'un seul côté et reliée par un
tube de caoutchouc à un pavillon, on obtient
des sons musicaux dûs aux seuls rayons rouges

ou calorifiques (*thermophone* de M. Mercadier) ;
si l'on parle devant une plaque argentée très
mince, la réflexion de ces rayons à distance
préparera la parole. Si un rayon de lumière
tombe sur un morceau de sélénium intercalé dans
le circuit d'une pile, la résistance électrique
variant avec l'éclairement se traduit en une membrane téléphonique, enregistrant ces intermitten-
ces du rayon lumineux (*photophone*, Willoughby,
Smith et May, Bell). La *lumière parlante* obtenue avec une lampe à arc, un microphone spécial pouvant supporter 3 ampères, reproduit
avec une netteté extraordinaire la parole et la
musique, ce téléphone haut parleur, d'un genre
spécial, est certainement le plus parfait.

CHAPITRE VI

L'AUTOMOBILISME

La vapeur. — La bicyclette. — L'automobile. —
Le pétrole et l'alcool, sources d'énergie.

Se mouvoir, se déplacer à grande allure, sans
le secours de l'animal, par les seules ressources
de ses machines, sans presque dépendre de l'ambiance ou des circonstances, tel est le but des
recherches de l'homme depuis l'existence des
machines à chaleur et même auparavant. Courir
sur la terre ou voler dans l'air au moyen d'appareils plus ou moins compliqués, tel fut le deside-
ratum de maints essais, pour arriver à l'évolution
géante du XXe siècle, pour arriver à ces bicyclettes ou à ces automobiles qui ne connaissent
pas l'espace et dont les conducteurs, par un en-
traînement merveilleux, une accoutumance
extraordinaire, ignorent la fatigue et le som-
meil !...

Celui qui a vu le formidable déboulé que fut
la course Paris-Vienne, en 1902, et celui qui a
vu passer à une allure de bolide ces monstres
d'acier conduits par des hommes de fer et qui se
reporte à plus de deux cents ans en arrière, aux
véritables débuts de la locomotion mécanique;
celui-là peut justement s'enthousiasmer à la

constatation des progrès accomplis, du chemin
parcouru par cette science ultra moderne qu'est
la mécanique, qui perfectionne notre bien-être
dans des proportions toujours grandissantes, à
ce point qu'un esprit inquiet pourrait se deman-
der où tout cela s'arrêtera.

Il faut, en effet, remonter à 1690 pour trouver
trace des premiers efforts que l'homme fit pour
accélérer son allure à l'aide de ses propres
moyens. Ce fut de Sivrac qui, le premier, en
vertu de ce principe qu'il est plus facile de rouler
un fardeau que de le porter, eut l'idée, en 1690,
de relier deux roues de bois par une traverse
également de bois que l'on enfourchait. On faisait marcher cet instrument en frappant alternativement le sol des deux pieds. On conçoit facilement que, ainsi présenté, ce « célérifère »,
d'ailleurs complètement dépourvu de ressorts,
était plus que rudimentaire et l'allure de celui
qui le montait jugée des plus grotesques.

Dans l'impossibilité où l'on était à cette
époque de trouver mieux, on chercha à lui donner un meilleur aspect, et la traverse de bois qui
unissait les deux roues fut remplacée par des
corps d'animaux sculptés dans le bois.

Les gravures de cette époque montrent, du
reste, les amateurs de vitesse d'autrefois dans les
bizarres attitudes que nécessitait le célérifère.
Il avait d'ailleurs un défaut primordial : l'impossibilité absolue dans laquelle on se trouvait de
changer de direction, à moins de soulever de
terre l'appareil pour placer la roue d'avant dans
une nouvelle direction.

La draisienne, qui ne fut inventée que beaucoup plus tard, en 1818, par le baron Drais, ingénieur badois, remédiait à cet inconvénient ; la draisienne eut, de ce fait, beaucoup plus de succès que l'invention de de Sivrac. Le baron Drais vint lui-même la faire connaître à Paris, au début de 1818.

Entre temps, c'est-à-dire vers 1763, et dans un autre genre, un précurseur de nos grands constructeurs actuels d'automobiles, un Français, Cugnot, s'inspirant des idées émises par Watt et Robinson, pour l'application de la vapeur à la propulsion des voitures (idées que, d'ailleurs, ils ne réalisèrent pas), construisit avec l'appui matériel des ministres de Louis XV, la première voiture à vapeur. Cette voiture, qui est encore au Conservatoire des Arts et Métiers, était du genre à trois roues. La chaudière, disposée en porte-à-faux devant la roue directrice, alimentait deux cylindres dont les pistons commandaient cette même roue, qui se trouvait, de ce fait, directrice et motrice. Divers inconvénients, tels que le défaut de vitesse, car la machine faisait, paraît-il, quatre kilomètres à l'heure, l'impossibilité de la faire fonctionner longtemps la firent délaisser, sans doute, car les recherches de ce côté cessèrent en France. Napoléon protégea l'inventeur et comprit l'utilité d'une telle découverte, il devina son avenir.

En Amérique, puis en France et en Angleterre, la locomotion mécanique sur route fut quelque peu délaissée ou, du moins, les recherches de ce côté se ralentirent, les locomotives absorbant toutes les recherches ; ce jour-là, la science dévia et se trompa de route.

C'est pendant ce long arrêt que naquit ce qu'on appela alors la vélocipédie et qu'on appelle maintenant le cyclisme. Son essor extraordinaire, ce développement qu'il a atteint, n'ont pas été sans frapper d'étonnement, et il est à remarquer que, depuis sa naissance, chaque amélioration apportée aux machines lui a donné une vitalité sans cesse grandissante.

***

Ce fut Michaux, le petit mécanicien ignoré qui, vers 1860, transforma la draisienne en adaptant à la roue d'avant ce qu'il appelait déjà des pédales et qui n'étaient constituées que par de grossiers clous de fer. Le jour où, pour la première fois, il descendit les Champs-Elysées sur son instrument transformé, ce fut une véritable révolution.

Ce fut réellement l'homme qui donna l'essor à ce sport, et les cyclistes lui devaient bien cet hommage de reconnaissance que lui fut sa statue, élevée sur une place de sa ville natale, Bar-le-Duc.

L'araignée était née, mais elle n'eut pas le succès qu'on eût été en droit d'en attendre ; il y avait à cela, du reste, quelques bonnes raisons que le progrès a, plus tard, combattues et détruites.

Les routes planes étant nécessaires, les montées étaient impraticables ainsi que les routes cahoteuses.

C'est alors que vint le tricycle, et il est curieux

de faire cette constatation que ce fut lui qui amena une suite de perfectionnements dont bénéficièrent le grand bicycle, puis, plus tard, la bicyclette.

Le tricycle, dont les roues étaient de fer et garnies de caoutchoucs pleins, était lui-même un dérivé du cheval mécanique, dans lequel on trouve le premier emploi d'une chaîne comme organe de transmission. Dans le tricycle, les jambes, au contraire du cheval mécanique, étaient propulsives et non directrices, tandis que les bras dirigeaient au lieu de produire le mouvement.

Le bicycle, construit alors avec une très grande roue directrice et motrice, et une toute petite roue reliée à la grande par un corps en tube d'acier, succéda à l'araignée. Ses roues étaient d'acier et garnies de caoutchoucs.

Cette machine, créée en France, ne trouva tout d'abord le succès, comme beaucoup d'inventions d'ailleurs, qu'en Angleterre et en Amérique. Un sport en naquit qui devait, avant tout, prospérer dans les pays sportifs par excellence que sont ces deux nations. Ce sport eut ses champions, qui vinrent courir en France où ils firent école. Le bicycle se répandit alors davantage, et les courses organisées entre Anglais et Français décidèrent de son sort : la vélocipédie était lancée.

Certaines courses devinrent annuelles, le championnat de France fut créé, qui se courait sur la route circulaire de l'hippodrome de Longchamps. Des courses de 6 et 8 jours furent même organisées en Angleterre et en Amérique, ainsi que des matchs contre des cowboys ayant à leur disposition plusieurs chevaux. C'est à cette époque que s'illustra un Français qui fut le champion incontesté de son temps et qui, plus tard, devait aider encore, mais cette fois magistralement, au développement de la bicyclette en 1891.

Il est à remarquer, d'ailleurs, que le sport eut primitivement beaucoup plus de succès que le tourisme, ce qui ferait supposer qu'on considérait les machines d'alors comme des jouets plutôt que comme des moyens de transport.

C'est vers 1885 que parurent les premières bicyclettes. On prétend que ce fut un enfant qui, jouant avec un tricycle dont on avait enlevé une roue et trouvant l'équilibre de la machine ainsi incomplète, donna l'idée de la bicyclette.

Les premières qu'on vit en France venaient d'Angleterre et ce petit instrument excita grandement la curiosité des connaisseurs avant de soulever leur admiration, admiration du reste justifiée, car la petite machine avait de grands avantages sur le bicycle, tels que la plus grande stabilité, l'impossibilité de verser en avant, la très grande facilité pour entourcher la machine. Joignez à tout cela l'avantage le plus important de tous : la bicyclette démocratique, l'égalité de tous devant le muscle, car si le bicycle nécessitait, avant tout pour gagner, une grande taille (la grande roue n'accomplissant un tour que par tour de pédale) la bicyclette, grâce à ses pignons multiplicateurs ne l'exigeait plus et faisait les petits les égaux des grands.

Jusqu'en 1891, la vogue de la bicyclette monta doucement, poussée par de nombreux perfectionnements dont les plus importants furent en 1889, les caoutchoucs creux et pneumatiques.

Mais en 1891, coup de théâtre, la course Paris-Brest et retour, donna à la bicyclette une impulsion sans pareille qui ne s'arrêtera plus maintenant. Le cyclisme est entré dans les mœurs et la parole restée célèbre : « le cyclisme est autre chose qu'un sport, c'est un bienfait social » n'a jamais paru plus juste. Aujourd'hui, la France possède quelques cent mille cyclistes ; les coureurs, ceux qui en font un sport sont l'infime minorité, tout le reste fait du cyclisme par hygiène, en touriste ou comme moyen de transport et cette dernière catégorie est la plus intéressante à tous les points de vue.

Constatons ici que le tricycle, dont la vogue suivit celle de la bicyclette pendant quelque temps, a complétement disparu, le seul avantage qu'il possédait sur celle-ci : la stabilité étant obtenue aux dépens de la légèreté, de la rapidité. Et cette sensation de liberté absolue que procure la bicyclette, cette faculté de dévier à droite ou à gauche, d'éviter les moindres obstacles avec une facilité extraordinaire, l'ont fait préférer au tricycle. Du reste le tricycle à pétrole qui procèdera plus tard de lui est à son tour pour ainsi dire disparu.

Aujourd'hui, la bicyclette est pourvue de perfectionnements tels qu'on pourrait la considérer comme parfaite, si l'expérience n'était-là pour nous prouver que le progrès marche toujours et

qu'on ne s'en tiendra pas là. Elle subit d'ailleurs,
en ce moment, une transformation importante :
l'adjonction recherchée depuis si longtemps, depuis l'apparition du bicycle, d'un moteur approprié. La motocyclette, machine mixte, est à
l'heure actuelle très perfectionnée et très pratique.

★ ★

Mais, il faut revenir de beaucoup en arrière
pour trouver les débuts de l'automobile. En
France, dans le silence des ateliers, des chercheurs convaincus travaillent à l'accomplissement de leur rêve : les voitures à vapeur ; alors
qu'en Allemagne, Daimler invente le moteur à
pétrole, un embryon, à cette époque, qui gran-
dira chaque jour pour nous amener aux monstres
capables de propulser les voitures à plus de 100
kilomètres à l'heure.

Le moteur à pétrole, généralement employé et
dont les progrès ont été stupéfiants dans ces dernières années est du régime à quatre temps : le
1er, pour l'aspiration du mélange gazeux (air et
essence), le 2e, pour la compression de ce mélange; le 3e, pour son allumage et le 4e, pour
l'échappement des gaz produits.

Le premier moteur à pétrole fut appliqué à un
tricycle. Sa force était de 3/4 de cheval environ
et quoi qu'une telle machine puisse paraître rudimentaire aujourd'hui, elle eut à ses débuts un
certain succès. Le tricycle à pétrole marcha rapidement de perfectionnements en perfectionnements. On sait que tout ce qui s'est fait depuis
l'apparition du premier moteur à pétrole l'a été

en France, et qu'à l'heure actuelle, la France est
encore à la tête de l'industrie automobile.

Le moteur à pétrole fut appliqué aux grosses
voitures à peu près en même temps qu'au tricycle. Ce dernier était d'un prix abordable, mais
ses inconvénients étaient nombreux ; il avait
tous ceux du tricycle ordinaire, rendus plus
graves encore en raison de la vitesse et du poids
de cette machine manquant totalement de confortable, ce qui le fit promptement abandonner en
faveur de la voiturette, moins chère que la grosse
voiture qui, outre son prix d'achat très élevé,
coûte extrêmement cher à l'entretien.

Le règne de la voiturette ne fut pas non plus
de longue durée ; on s'aperçut vite qu'aux vitesses qu'on demandait à ces machines, elles
n'offraient pas assez de résistance, la majorité de
leurs organes étant trop faible pour un service
dur et régulier. C'est alors qu'on fut amené à un
compromis ; on créa la voiture légère qui, ainsi
que son nom l'indique, tient le milieu entre la
grosse voiture trop chère et la voiturette trop
faible.

Aujourd'hui, la voiture légère et la grosse voiture sont suffisamment perfectionnées pour être
sûres et l'on voit journellement de très longs
voyages, voire même des courses, accomplis
sans pannes, en toute sécurité.

Les principales caractéristiques de la voiture
à pétrole sont, indépendamment du moteur,
l'embrayage, le changement de vitesse et l'allumage.

Le réservoir à essence fournit l'essence au car-

burateur qui la pulvérise automatiquement et la
mélange à un volume d'air déterminé. Le moteur
aspire ce mélange, dont l'explosion lui donne le
mouvement qui est transmis à la voiture par
l'embrayage, mécanisme rendant le moteur soli-
daire de la transmission. Les différentes vitesses
sont obtenues au moyen d'engrenages de divers
rapports.

Ce qui impressionne, quand on a assisté aux
débuts de cette branche, une des rares où la
France règne encore en maîtresse incontestée,
c'est la rapidité avec laquelle l'automobile s'est
développée, due certainement aux perfectionne-
ment que chaque jour voit éclore. Dans nulle
autre industrie, semble-t-il, les progrès n'ont été
aussi rapides. Ces fantastiques pas de géants,
nous les devons aux courses d'automobiles qui,
indiscutablement, ont amené les voitures au degré de perfection où nous les voyons aujour-
d'hui ; il est évident que l'on s'aperçoit beaucoup plus facilement des défauts de construction
des moteurs et des voitures en les faisant travailler en grande vitesse.

*
* *

Il est impossible de passer sous silence la lutte
qu'à l'heure actuelle se livrent trois sources
d'énergie : la vapeur, l'électricité et l'essence,
pour la suprématie en automobile. A celles-ci
vient maintenant s'en ajouter un quatrième :
l'alcool, qui doit tenir l'essence en échec. De
ces quatre sources d'énergie, l'électricité est loin
d'avoir dit son dernier mot, mais à l'heure ac-

tuelle elle ne peut propulser que des voitures de ville, car leur alimentation nécessite une usine d'électricité.

Il est juste de citer cependant quelques tours de force à l'actif de la voiture électrique, comme l'étape de Paris-Rouen sans recharge.

Des trois autres sources d'énergie, deux procèdent de la même façon, c'est-à-dire par explosions : l'essence de pétrole et l'alcool. Ce dernier a de nombreux avantages sur l'essence; moins brutal, chauffant moins, odeur plus agréable. Une campagne a été entreprise depuis quelques années déjà en faveur de cet alcool, qui, lorsque son emploi se sera généralisé, rapportera à l'agriculture française les 40.000.000 que nous donnons à l'étranger en échange de son pétrole. Les qualités de l'alcool ont été longtemps mises en doute; cependant, une fois de plus, dans l'étape Paris-Belfort de la dernière course, le premier arrivant vient encore de prouver l'excellence de ce carburant (1902).

Mais la première place est incontestablement occupée par la vapeur qui, au contraire de la voiture à pétrole, est extrêmement simplifiée, puisqu'elle ne comporte ni embrayage, ni allumage, ni changement de vitesse, causes de la presque totalité des pannes. Du reste, le moteur à vapeur possède une élasticité qu'on n'a pu donner encore aux moteurs à explosions, et c'est la vapeur qui, à l'heure actuelle, a la plus grande vitesse à son actif. La lutte est donc ouverte entre la voiture à pétrole ou à alcool et la voiture à vapeur, et cette dernière est de loin en tête, la vieille vapeur tient bon et c'est justice, car elle a tous les avantages sur son jeune rival, le pétrole.

La supériorité du moteur à explosions n'existe donc que comme moteur fixe. En effet, si la machine à vapeur nécessite la présence continuelle d'un mécanicien, alors que le moteur fixe à explosions, une fois en marche, n'a pour ainsi dire plus besoin d'être surveillé, il n'en est plus de même pour les voitures automobiles qui, de quelque nature que soit leur moteur, demande une surveillance de tous les instants.

*
* *

Les *sous-marins* (1) utilisent aussi ces divers moteurs et se complètent souvent de canots automobiles. G. Trouvé, en 1881, a montré un de ces derniers sur la Seine. Le sous-marin est d'ailleurs un organisme ayant sa vie propre, plongeant et remontant dans l'eau à volonté. Ses moteurs sont multiples, électriques ou à liquides variés. Les torpilles se portent dans l'ombre sous-marine pour aller au but, et la télégraphie sans fil, qui peut permettre de les diriger à distance, transforme en œuvre de mort et de destruction — quant à présent, du moins — l'œuvre pacifique des savants et des laboratoires.

*
* *

L'automobilisme tient une grande place dans la société s'il en tient une relativement faible dans la science, n'appliquant, en réalité, que peu

_____

(1) Voir Foveau de Courmelles, l'*Année Électrique*, 1900, 1901 et 1902.

des innombrables principes scientifiques trouvés
et appliqués dans le xix⁰ siècle.

Mais si l'on se reporte à l'importance philosophique, sociale, économique des chemins de fer
transportant rapidement les voyageurs d'un point
à un autre et ne les mettant qu'aux extrêmes, en
relation avec leurs contemporains, sans voir les
pays traversés, se rendant compte de l'heureuse
portée de ces voyages faciles, plus lents, mettant en rapport hommes et choses.

Les courses de vitesse sont des curiosités, des
luttes pacifiques, parfois dangereuses, et donnent
l'illusion du chemin de fer en la main, à la portée,
si l'on peut dire, de chaque voyageur; mais, le
simple tourisme, l'arrêt en les points intéressants du parcours, l'allure modérée, permettant
d'aller à petites journées, examinant, sur le
trajet, les choses, interrogeant les gens... Certes,
tout le monde n'a pas, ne peut encore avoir son
automobile, mais tout le monde a sa bicyclette,
et il s'est ainsi créé sur les routes une sorte de
fraternité, de solidarité des plus réelles ; on se
répare, on se prête les éléments de continuation
de route, et qu'en France le Touring Club (le
T. C. F., disent en abrégeant les adeptes) a
groupés et créés. Cette entente humaine, qui a
là son maximum, ne peut que se multiplier et se
répandre dans la vie. La fréquentation des individus et des peuples est, comme l'ancienne extension des moyens de destruction, le meilleur
moyen de convaincre de l'inutilité des guerres,
de vulgariser les langues et d'amener peut-être
la paix universelle !

Chapitre VII

LA CONQUÊTE DE L'ESPACE

Conditions d'existence en l'air raréfié. — La direction
des ballons. — La mer et l'Océanographie.

Depuis Icare qui s'envola dit-on, à la façon
des oiseaux, du fameux labyrinthe où Dédale
l'avait enfermé et tomba dans la mer Icarienne,
que d'essais analogues. Les tentatives de vouloir
s'élever en l'espace par des mouvements d'ailes
sont tellement nombreuses que l'aérostation en
a gardé le nom d'*aviation aérienne*.

Mais il faut arriver à la fin du XVIIIe siècle,
aux aérostats, en papier gonflé d'air chaud, des
frères de Montgolfier, d'Annonay, aux expériences du physicien Charles, au malheureux accident de Pilâtre des Roziers et Lalande que re-
nouvela au seuil du XXe siècle Severo, pour
voir l'aéronautique simple inoffensive ou à peu
près au XIXe siècle, servant pendant l'année
terrible de 1870, à emmener Gambetta hors de
Paris, vers la province française, qu'il enflammait
de son ardeur patriotique...

Le ballon, devenant à volonté un oiseau ou
presque un bateau, put traverser à diverses re-
reprises la Manche ; c'est presque un appareil
amphibie !

Mais la direction des ballons qui tenta Gaston Tissandier, Krebs, Renard, ne reçut de solution, non définitive d'ailleurs, qu'à la fin du XIX° siècle et ne fut consacrée qu'en la première année du XX° siècle.

L'air, l'espace ont été ainsi explorés, on a lancé en des *ballons-sondes* des appareils enregistreurs, des animaux, qui ont pu atteindre des hauteurs vertigineuses et y déterminer les éléments météoriques sans aucun danger pour l'homme absent de ces excursions, et cependant présent par ses instruments.

La vie, sur les hauteurs, sur les montagnes ou en ballon, a donc pu être étudiée pour l'homme et les animaux. L'oxygène est en quantité normale au Mont-Blanc, par exemple, mais il a moins de pression, et le sang qu'il vivifie a moins d'aptitude à se porter aux extrémités. La fatigue, dans les ascensions de montagne, est aussi un grand agent d'essoufflement qui ne pourrait se reproduire, en ballon, que dans des cas de manœuvres compliquées pour la direction.

Les travaux de MM. Jourdanet, Paul Bert, Sorel, Vallot, Viault, Muntz, ont marqué dans la science, mais le problème n'est pas résolu. Les animaux acclimatés à ces hautes altitudes, ont un sang pouvant absorber plus d'oxygène que les animaux ordinaires. D'autre part, l'ozone y est très abondant, et surexciterait la fonction circulatoire, ce qui pourrait être pour les non-habitués une cause d'halètement; au lieu d'absorber de l'oxygène, il faudrait donc supprimer l'ozone par l'ammoniaque, contrairement à ce que Paul Bert a prescrit. Crocé-Spinelli et Sivel, victimes en le *Zénith*, en 1873, des hautes altitudes, le pourraient être encore, la science n'étant nullement définitive sur ce point (1).

Mais cela ne décourage nullement les hardis pionniers de l'espace.

La locomotion aérienne parait être la résultante de la locomotion automobile.

Le branle en fut donné par le premier ballon de Santos-Dumont. Des essais faits au parc aérostatique de Meudon, avaient bien précédé les siens, mais n'avaient donné aucun résultat appréciable. Les directeurs de ce parc avaient même fait construire un ballon *la France*, de forme allongée, que l'on vit quelque temps planer au-dessus des côteaux de Meudon, mais ils ne firent pas faire un pas à la locomotion aérienne.

Ce fut Santos-Dumont qui eut le premier l'idée de l'application du moteur à pétrole à la propulsion des ballons dirigeables, application qui trouva dès ses débuts des adversaires et des sceptiques. La démonstration n'en fut pas moins concluante alors de l'action de l'hélice mise en mouvement par un moteur à pétrole. C'est en septembre 1898 que Santos-Dumont partit pour la première fois à la conquête de l'air dans son numéro 1. Le ballon qui partit du Jardin d'acclimatation, évolua en tous sens, son voyage fut court par exemple, la cause en fut à la pompe à air chargée de maintenir le ballonnet compensateur complètement gonflé. Son action était insuf-

(1) A l'Association française pour l'avancement, 1887.

fisante; le ballon perdit vite de sa rigidité. Les
ballons de forme allongée doivent en effet être
constamment rigides, la déviation de l'une des
pointes influant sur la bonne direction des ballons ; de plus, comme ils doivent être de volume extrêmement réduit pour offrir moins de
résistance à l'air, ils sont gonflés à l'hydrogène
pur et l'on sait que la soie des ballons, si imper-
méable qu'elle soit, qui garde fort bien le gaz
d'éclairage laisse parfaitement passer, lentement
il est vrai, l'hydrogène pur. Santos avait donc
imaginé ce ballonnet compensateur destiné à
maintenir l'étoffe du ballon complètement tendue
en compensant le vide produit par les fuites de
gaz ou les différences d'altitude ou de température.

Le n° 1, dépourvu du système assurant sa rigidité se replia en deux et l'aéronaute fit une chute
sans aucun mal de 400 mètres. L'incroyable
présence d'esprit qui le sauva tant de fois depuis
lui servit cette fois là.

Le n° 2 fit ses essais en mai 1899, le jour de
l'Ascension, mais évolua ce jour là seulement
tenu captif, la pluie empêchant une ascension
libre ; ce ballon encore rudimentaire était main-
tenu horizontal à l'aide d'un système de sacs
qu'on déplaçait à volonté, mais qui ne donnait
aucune rigidité à l'ensemble.

Moins de six mois après, le n° 3, partit de Vau-
girard. Ce fut le premier de ses ballons avec lequel Santos-Dumont évolua autour de la Tour
Eiffel. Celui-là était en réel progrès sur les autres. Il cubait 500 mètres, avait 20 mètres de long

et 7 m. 50 dans son plus grand diamètre. Il était pourvu d'une traverse de bois qui supportait la nacelle et maintenait au moyen des cordages l'enveloppe rigide, l'hélice était fixée à la nacelle ainsi que le moteur de qui elle recevait le mouvement. C'est alors que fut fondé le prix de 100,000 francs dont les conditions étaient celles-ci : partir du parc d'aérostation de l'Aéro-Club, décrire sans toucher terre et par les seuls moyens du bord une courbe fermée ayant l'axe de la Tour-Eiffel à l'intérieur du circuit, et revenir au point de départ dans le temps maximum d'une demi-heure.

Vint alors le n° 4, ne jaugeant que 420 mètres cubes, qui sortit en août 1900. Santos-Dumont avait, dans ce dernier, supprimer la nacelle, il était à cheval sur la poutre servant de quille et mettait son moteur et son ballon en marche en pédallant comme pour un modeste tricycle à pétrole.

Le n° 5 vit le jour en 1901. D'un volume de 550 mètres, de 34 mètres de longueur, il était pourvu d'une triple poutre armée extrêmement rigide. Les ascensions de celui-ci eurent un retentissement dans le monde entier. Le 12 juillet, après de nombreuses évolutions au-dessus de l'hippodrome de Longchamps, à Puteaux, au Trocadéro où il atterrit pour réparer son gouvernail, après avoir doublé la Tour-Eiffel, l'aéronaute rentre à Saint-Cloud ; le lendemain, il fait le trajet imposé en quarante minutes. Le 8 août, il repart, il double le gigantesque poteau de virage au bout de neuf minutes et revient, mais une avarie étant survenue, il doit arrêter son moteur, le vent pousse le ballon vers des maisons où il se brise. Le 30 août, le n° 6 est construit et mis au point et mène plusieurs fois l'aéronaute à la Cascade.

Le 29 octobre suivant, jour marquant dans l'histoire de la navigation aérienne, Santos-Dumont accomplit le trajet qu'on lui demande en 29 minutes 30 secondes. Tous ceux qui suivirent des yeux l'accomplissement de ce programme furent enthousiasmés. Sur tout le parcours accompli sans le moindre accident, la foule l'acclama. Il paraît que les gens en délire, se serrèrent les mains sans se connaître, à la vue de ce gigantesque oiseau tournant la Tour Eiffel.

*
* *

Encore quelques mots des tentatives de l'aurore de ce siècle !

Au commencement de 1901, un ingénieur, M. Roze, partisan, lui, du plus lourd que l'air, construisit un appareil mixte qui au contraire du ballon de Santos-Dumont, qui, sacrifiait tout à la légèreté, était d'un confortable d'un wagon-lit. Mais, l'appareil réellement trop lourd, ne put jamais s'arracher du sol, trop respectueux peut-être des lois de la pesanteur.

Santos-Dumont construisit un n° 7, plus grand que les précédents et partit avec le n° 6, à Monte-Carlo, où il fit quelques ascensions. Le ballon fut détruit dans une chute qu'il fit dans la mer. Le n° 7, qui n'est pas encore sorti, fera sans doute bientôt parler de lui.

A la fin de 1901, à la suite des résultats obte-
nus, une quantité innombrable de ballons fut
mise en construction ; mais le commencement de
1902 devait changer la face des choses, un accident épouvantable devait donner raison à ceux
qui prétendent qu'il faut quelques qualités essentielles pour conduire un instrument de cette
sorte.

Severo, député brésilien, travailla tout l'hiver
à mettre son ballon au point, au printemps, il
n'attendait plus qu'une éclaircie du temps épouvantable que nous subissions alors, pour, à son
tour, s'élancer dans les airs. Cette éclaircie tar-
dait à venir allongeant ainsi sa vie de quelques
jours. Mais la mort qui le guettait semblait faire
partager son impatience au pauvre aéronaute qui
fit partager les suites de son inexpérience à son
mécanicien.

Severo n'était pas un aéronaute, il n'était pas
davantage un mécanicien. Ses imprudences
furent innombrables, mais on ne sut jamais exac-
tement quelle fut la cause réelle de l'accident.

Il est certain que ses moteurs étaient beaucoup
trop près de l'aérostat, que l'échappement des
gaz du moteur, dans ces conditions, eut dû se
faire par des pots spéciaux qui sont d'un usage
courant en automobile, que les retours de
flamme du moteur au carburateur eussent dû
être rendus impossibles.

Quoi qu'il en soit, on se perdit en conjectures
et l'on ne saura jamais à quelle cause attribuer
un accident, dont les causes eussent été une leçon
pour l'humanité, grâce à l'inconcevable légèreté

de ceux qui firent sabrer la nacelle du pauvre
aéronaute pour dégager l'avenue du Maine...

— L'air, de par les travaux du XIXᵉ siècle,
paraît désormais à la disposition de l'homme. La
locomotion en l'espace est mieux connue, quant
à l'existence humaine, quant à son outillage
nécessaire, et sa solution définitive, supprimant
les frontières, les douanes, les octrois..., n'est
plus qu'une question de jours !

***

— *La conquête de la mer*, ce milieu dense,
l'opposé et l'antithèse de l'air, est aussi faite, on
l'a vu, par les sous-marins. Le *Nautilus*, de
Jules Verne, nantais d'origine, rappelle celui de
Fulton, à Brest. La vie est devenue possible par
l'air régénéré de Doogues, Balthazard, Gugliel-
minetti, N. Gréhant. On sait vivre dans les espaces confinés, dans les profondeurs, sans l'air
comprimé qui permit jadis maints tunnels sous
l'eau et dont l'emploi exige des précautions impossibles en des cas de dangers immédiats, ébou-
lements, passage brusque si dangereux de l'air
sous plusieurs atmosphères à l'air normal ; l'air
régénérable permettra tous travaux souterrains,
marins, voire aériens. Le mal des montagnes
pourra être supprimé en emportant sa provision
d'air normal et régénérable enfermé dans un
casque ou masque respiratoire spécial.

***

L'*Océanographie* qui doit son existence scientifique au prince Albert de Monaco, et aux dra-
gages sous-marins faits sous sa haute direction ;

l'océanographie prendra par suite une intensité plus grande ; de hardis explorateurs emportant leur provision d'air iuusable, descendront au sein des flots, reconnaître cette faune et cette flore si curieuses et s'étendant à des kilomètres de profondeur.

L'industrie humaine si féconde et si laborieuse, ne trouvera-t-elle pas là des richesses nouvelles et insoupçonnées !

CONCLUSIONS

CONSÉQUENCES PHILOSOPHIQUES
ET SOCIALES

L'affranchissement de la pensée. — L'Américanisation
— L'effort physique supprimé et à rétablir.

Loin de nous, la prétention de refaire ici un
volume déjà publié par nous, au commencement
de 1899, l'*Esprit scientifique contemporain* ;
nous ne pourrions résumer, en quelques pages,
ce que nous fîmes, bien incomplètement, en plus
de quatre cents, mais nous allons prendre rapidement quelques points de vue, d'ailleurs,
d'accord avec un savant des plus autorisés, M.
E. Du Bois-Reymond, professeur à l'Université
de Berlin. En ses magistrales « conférences scientifiques » de Cologne, notre voisin d'outre-Rhin,
notait déjà dès 1877, — et ce recul en arrière,
prophétique, est à signaler, — les aspirations et
les dangers de la science. Du Bois-Reymond,
montre le progrès allant à pas de géants, dès que
l'esprit humain fut débarrassé des entraves du
passé. Des *discours* de Galilée, des *principes*
de Newton (1686), du principe de conservation de la force de Leibnitz (1686), on arrive

à l'âge fécond de l'induction et de l'industrie.
Les ténèbres disparaissent en quelque sorte des
intelligences et des cœurs, l'humanité devient
meilleure. Des grands progrès industriels qui ne
se peuvent faire ou mettre en valeur, par l'homme
seul, exigent et font comprendre l'hygiène sociale
et la solidarité. Les savants dominent les conquérants et s'imposent à l'histoire. En effet, « ce
serait une belle chose que de retracer la transformation pacifiquement opérée par la science dans
la condition de l'humanité pendant le cours des
derniers siècles. De même qu'elle a ôté de dessus
nos têtes, la voûte étouffante d'un firmament
matériel, de même, elle a affranchi notre esprit».
La science est devenue un lien international ;
plus que l'art et la littérature qui sont dissemblables ou diversement goûtés selon les nations,
la science est une, indiscutable, incessante ; elle
moule en quelque sorte les esprits en une céré-
bralité logique, uniforme, sévère et cependant
aimante, elle apprend à l'homme sa force, sa faiblesse, et la nécessité d'unir ses efforts. Voltaire
avait signalé l'utilisation méthodique des forces
naturelles en effets réguliers. Benjamin Franklin
a outrancé ce principe qui est devenu l'utilita-
risme et son culte. Hobbes avait dit : « savoir,
c'est pouvoir », qui n'est en somme qu'une
parodie de ce banal et ancien proverbe médical
« mal connu est à moitié guéri», c'est proclamer
l'utilité de la connaissance.

L'art et la littérature admettent l'autorité, le
beau, le mieux atteint en quelque sorte de suite,
sans efforts apparents, mais la science veut être

acquise, conquise de haute lutte ; sans cesse
mutable et, changeante, elle ne peut admettre
l'autorité des hommes, mais simplement des phénomènes bien observés ; elle enseigne le doute,
la nécessité du changement, le mouvement intellectuel comme existe le mouvement physique si
évolutif ! Elle met à l'abri, par la force qu'elle
donne, des bouleversements barbares d'autan ;
l'art ne résiste pas au nombre, mais la science
'annihile. « Notre science et notre civilisation
sont solidement fondées 'sur le terrain de l'induction et de l'industrie ; la science et la civilisation des anciens vacillaient sur le sol mauvais
de la spéculation et de l'esthétique, et elles
étaient vouées à une ruine certaine ». Ninive,
Babylone, Athènes ou Rome, ne purent repousser les invasions et succombèrent... La
science qui tue ou fait vivre, leur eut, sans nul
doute, permis de repousser les envahisseurs.

⁂

Mais, avec Du Bois-Raymond que nous
suivons ici, quelles seront les limites de la
science, quels en sont les actuels dangers. Certes,
le XIXᵉ siècle a acquis — cela fait partie de
son *Bilan* — la certitude de la mortalité de la
Terre. Astre éteint, errant, sans lumière propre
ni réfléchie, tel est le sort qui attend notre globe
en des millions d'années soit, mais sort fatal
quand même. De cela, nous ne nous préoccu-
perons point, il y a des dangers plus immédiats à
noter, l'épuisement des mines de charbon par
exemple et encore ne trouvera-t-on pas d'ici-là,

des sources de remplacement, une meilleure
utilisation de la *houille blanche*, des chutes d'eau,
des montagnes, des vents...

Mais si la civilisation, en sa durée du moins,
ne peut craindre les antiques barbares ou les
momentanés vandales de la Commune ou des
Révolutions ; si « la civilisation, dans son ensemble, n'a rien à craindre de l'internationale
rouge », elle affecte une forme périlleuse d'après
la direction actuelle de son développement.
C'est une foule de petits riens, de détails en
apparence insignifiants qui décèle cet état d'âme,
cet esprit arriviste, américain qui nous envahit
comme une tache d'huile. « L'idéalisme succombe dans sa lutte avec le réalisme, et l'on
arrive au règne des intérêts matériels ? » Cet aveu
d'un des esprits les plus éclairés d'outre-Rhin,
de la rêveuse et poétique Allemagne, prouve
bien la profondeur du mal, l'*américanisation*, la
submersion redoutée de la civilisation euro-
péenne, sous les flots du réalisme, et la prépon-
dérance croissante de l'industrie... En se guérissant de ses vagues aspirations, de ses efforts
stériles, de sa défiance de lui-même, le peuple
allemand n'a-t-il pas perdu beaucoup de son enthousiasme pour l'idéal, de son ardeur désinté-
ressée pour la vérité, de sa vie de cœur profonde
et tranquille ?...». N'en est-il pas de même en
France, en Europe, partout. Le peuple du doux
Tolstoï s'éveille à l'industrie, à la science, et
malgré les désirs de paix de son tsar Nicolas II,
on a été vaincre les Chinois, et l'on cherche à
tirer parti des pays conquis... Tous deviennent

pratiques, peuples, rois, républiques. L'or est
une cause de meurtre, de carnage et de sang, et
l'aurore du XXᵉ siècle a vu la guerre du Trans-
waal ! Comment se battra-t-on, quelles seront
les frontières, où seront les douanes, le jour où
la navigation aérienne en passe d'être créée,
existera réellement.

★★
★

Mais la science veut, disais-je qu'on la con-
quière de haute lutte. Pour cela, on passe de
longues années de sa vie enfermé, le corps in-
curvé, déprimé, comprimé sur des mobiliers
scolaires défectueux ; on pousse la solidarité
jusqu'à tout attendre de l'être impersonnel et
encombrant qu'est l'Etat ; on prive son corps
d'exercice physique et souvent son esprit d'initiative ; tout semble réglé, absolu en le domaine
scientifique, et l'on devient un rouage matériel
et moral !

D'autre part, les machines scientifiques produisent en excès, le bien-être se généralise,
s'étend, est de plus en plus désiré. L'effort cor-
porel se supprime. On consomme inutilement
maintes surproductions. Il y a diminution de la
volonté, des facultés actives ; les âmes s'amol-
lissent ; la natalité devient plus faible, la sen-
sualité s'exagère... Comme remède, il faut exercer la volonté et l'esprit d'initiative, faire faire
des sports aux deux sexes, surtout enseigner la
sobriété, la modération dans les désirs, enfin
faire de l'*instruction éducatrice.* « A cette science,
qui dissèque l'idéal, qui repousse avec mépris

tout ce qu'elle ne peut éclairer de sa froide
lumière, qui dépouille l'histoire de son intérêt
saisissant et la nature elle-même de son voile
attrayant, opposons le palladium de l'*humanisme*. L'humanisme a tiré le genre humain des
cachots de la théologie scolastique; qu'il des-
cende maintenant dans la lice contre le nouvel
ennemi d'une culture harmonique. Les dieux et
les héros de l'antiquité, entourés d'un charme
impérissable, les mythes et les histoires des
peuples méditerranéens, dans lesquels presque
tout ce qui est beau et bon a sa racine, l'aspect
d'une civilisation, étrangère, il est vrai, à la
science, mais au sein de laquelle l'homme a sin-
cèrement aspiré au plus noble idéal, voilà qui
peut exercer une influence salutaire sur les sen-
timents de notre jeunesse et la soutenir dans
cette lutte contre la néo-barbarie qui, de ses bras
de fer, nous enlace de plus en plus étroitement.
Il faut que l'hellénisme tienne l'américanisme
loin de nos frontières intellectuelles. » Ces belles
idées de du Bois Reymond sont-elles appliquées
en France? Non, car les études classiques y
perdent de jour en jour de leur valeur, et les
sciences, en revanche, y gagnent ce terrain. La
religion de l'idéal et les autres semblent avoir
disparu. Mais nous sommes trop près de la fin
du xix° siècle pour en établir le bilan scientifico-
moral.

La morale scientifique, fondée sur l'hygiène
sociale et physique, se crée, elle est peu ou point
enseignée; que donnera-t-elle? On ne se peut
prononcer. Les jeunes gens d'aujourd'hui trou-

vent, comme nous trouvions à leur âge, que tout est parfait; «le long espoir et les vastes pensées» les soutiennent et les leurrent; car combien d'appelés et peu d'élus en la *lutte pour la vie*, dérivée de la théorie zoologique de l'évolution et qui devrait faire place à l'*entente pour la vie*.

*
* *

L'*entente pour la vie*, cela nous ramène à la morale, à l'âme, à la survivance de la matière ou de sa partie subtile et intellectuelle, et aux sanctions de nos actes. La science a porté ses investigations scrutatrices dans ce domaine et y a acquis d'importantes données, c'est dire que le mystérieux tend à s'éclairer, que les phénomènes du spiritisme (typtologie, médiumnité, apports), sont sérieusement étudiés depuis William Crookes (1873), sous le nom de « modern spiritualism », par Ch. Richet, Camille Flammarion, Lombroso, Ochorowicz, de Rochas, Darieix, Russel Wallace, Papus...; que Gustave le Bon (1897), relie le pondérable à l'impondérable, l'éther à la matière et affirme même l'évanouissement de celle-ci ; que Casalonga, Foveau de Courmelles (1890), font des fluides lumière, électricité, de la matière en mouvement; que d'Arsonval, Dastre, Bosc, Schrön, montrent la mémoire et la *vie* dans la matière inerte; enfin qu'un monde d'idées nouvelles est en évolution, et que demain peut-être surgira en plus des faits nouveaux et de portée incalculable sans doute, une morale rationnelle, pratique et *suivie*. Malgré les pessimistes et les contempteurs du présent, nous

ons que le monde est meilleur et la misère
ins grande... mais que de progrès moraux et
urgents sont encore à réaliser !

***

Quoi qu'il en soit, la science continue sa
marche ascendante, envahissante. Elle a tout
pénétré de son esprit observateur, critique et
pratique; elle a envahi les arts, la littérature, le
théâtre, la religion, la morale... Elle réunit les
hommes dans les mêmes idées de recherche et
d'utilité; elle rapproche les corps et les idées par
la rapidité des déplacements d'hommes ou d'objets que permettent ses machines. Elle fait penser
à la paix universelle, non pas l'inertie — la nature
constamment en lutte nous donnant l'exemple du
travail et du combat — mais la réalisation du
travail doux, incessant, agréable, dans «l'entente
cordiale» universelle, comme possible, pratique,
forcée, à plus ou moins bref délai... Quel plus
beau *bilan* à établir.

TABLE DES MATIÈRES

————

CONCLUSIONS

Imp. Schneider Frères et Mary. — Levallois.

OUVRAGES

DU

Docteur FOVEAU DE COURMELLES

Électricité :

Précis d'Électricité médicale, 250 p. in-16 ill., Paris, Barcelone, 1893; Moscou, 1894. 2ᵉ édition, 500 p., épuisé.

L'Électricité médicale au XIXᵉ siècle, 32 p. in-12, Paris.

L'Électricité curative, 400 p. in-12 ill., Paris, 4 fr.

Traité de Radiographie (Premier enseignement des rayons X, cours libre à la Faculté de Médecine de Paris), 500 p. gr. in-8 ill., Paris 1897, 2ᵉ éd., 1903, 10 fr.

Électricité médicale, 32 p. in-8 ill., épuisé.

L'Ozonoscopie, 20 p. in-8, épuisé.

Bi-E ectrolyse et Pyrogalvanie, 30 p. in-8, épuisé.

L'Électricité et ses applications, 200 p. in-16 ill., 1 fr. 50.

Formulaire électrothérapique, 230 p. in-16, Paris, 3 fr. 30.

Les Rayons X en pathologie infantile, 32 p. in-8 ill.

L'Électroscopie, 30 p. in-8, épuisé.

Osmose et Bi-Électrolyse, 20 p. in-8 ill., 1 fr.

La Lumière électrique en thérapeutique, 20 p. in-8.

Lupus et Photothérapie (Extrait du Bulletin de l'Académie de Médecine de Belgique), 15 p. in-8 ill., Bruxelles, 1900.

L'Année électrique, 7 vol., 350 p. in-16, 1900 à 1906, 3 fr. 50.

Photothérapie, 40 p. in-8 ill., Paris, 1 fr.

Électrothérapie dentaire (Cours à l'École dentaire de Paris), 1 vol. 300 p. in-12 ill., 4 fr.

Les Applications médicales du Radium, 130 p. in-16 ill., 1 fr. 25.

Œuvres diverses :

La Peur, la Pauvreté, broch., Paris, 1886.

La Vaginite et son traitement, 104 p. in-8, Paris, 1888.

Le Magnétisme devant la Loi, 40 p. in-8, Paris, 1889.

Les Facultés mentales des animaux, 352 p. in-12, Paris, 1890.

L'Hypnotisme, 330 p. in-12 ill., Paris, 1890; Londres et New-York, 1891, épuisé.

L'Esprit et l'Âme des Plantes, 30 p. in-8, Amiens, 1893.

L'Hygiène à table, 200 p. in-12, 2 fr.

L'Esprit scientifique contemporain, 410 p. in-12, 3 fr. 50.

Une Langue internationale : « l'Esperanto », 30 p. in-8, épuisé.

Comment on se défend de la Neurasthénie, de la Folie, de l'Alcoolisme, des Glandes, 4 br., 60 p., 1 fr.

Hygiène et maladies de l'Enfance, 200 p. in-16 ill., 2 fr.

Goutteux et Rhumatisants, 200 p. in-16 ill., 2 fr.

Le Bilan scientifique du XIXᵉ siècle, 220 p., 1 fr. 50.

www.ingramcontent.com/pod-product-compliance
Lightning Source LLC
Chambersburg PA
CBHW070517200326
41519CB00013B/2833